Die Nomographie
oder Fluchtlinienkunst

Ein technischer Leitfaden

von

Fritz Krauss

Ingenieur in Wien

Mit 26 Textfiguren

Berlin

Verlag von Julius Springer

1922

ISBN-13: 978-3-642-94017-0   e-ISBN-13: 978-3-642-94417-8
DOI: 10.1007/978-3-642-94417-8

Buchdruckerei W. Hamburger, Wien VI, Mollardgasse 41.

Vorrede.

In neueren technischen Abhandlungen wird mitunter
ein graphisches Rechenverfahren angewendet, dessen
Elemente „Fluchtlinien" genannt werden. Das Wesen
des Verfahrens kann etwa durch folgende Definition
gekennzeichnet werden: Nomographie heißt die Kunst,
Maßstäbe mit linearer, logarithmischer oder anderer
Teilung in einer Ebene so anzuordnen, daß der Wert
einer Funktion von ebensoviel Variabeln, als Maßstäbe
vorhanden sind, auf Null reduziert wird, wenn die Ablesungen der Maßstäbe an den Schnittpunkten mit einer
in der Ebene gezeichneten geraden Linie oder Kurve
als zusammengehörige Werte der Variabeln genommen
werden. Das nomographische Verfahren bietet in vielen
Fällen im Vergleiche zu der sonst üblichen Darstellung
veränderlicher Größen durch Kurven, deren Punkte auf
kartesische Koordinaten zu beziehen sind, manche
Vorteile, von denen insbesondere die verblüffende Ein-
fachheit der Zeichnungen auffallend hervortritt. Der
Zusammenhang der veränderlichen Werte wird allerdings beim Anblick einer Fluchtlinientafel, die nur
einige Maßstäbe enthält, nicht in gleicher Weise wie
bei der Betrachtung der in ein kartesisches Netz
eingezeichneten Kurvenscharen erkannt. Was aber der
Nomographie vergleichsweise als Darstellungsverfahren
mangelt, wird durch ihre Vorteile als graphisches Rechenverfahren reichlich aufgewogen. Der Name Nomographie
rührt von dem Pariser Professor d'Ocagne her, der
eine systematische Theorie des Verfahrens aufgestellt

und ein ausführliches Werk darüber im Jahre 1899
veröffentlicht hat.[1]) Ein weiterer Ausbau des nomographischen Gebäudes ist von Rodolphe Soreau[2])
besorgt worden. Bei der Abfassung der vorliegenden
Schrift war dem Verfasser nur die Arbeit Soreaus be-
kannt, die den Gegenstand ungemein kompliziert und
schwierig erscheinen läßt; vom Standpunkte der reinen
Mathematik betrachtet, mag sie alle Vorzüge der Prä-
zision und Eleganz zeigen, dem praktischen Techniker
aber, für den sich die Methoden der Nomographie am
allerbesten eignen, kommt solche Darstellung einer
verhältnismäßig einfachen Disziplin wenig entgegen.
Von deutschen Arbeiten über Nomographie hat der
Verfasser, außer den in einigen Zeitschriften zerstreuten
Andeutungen, erst nach Vollendung der vorliegenden
Schrift Kenntnis erhalten.[3]) Er konnte dabei feststellen,
daß die in dieser Schrift versuchte Darstellung der
nomographischen Verfahren an Hand der Anschaulich-
keit noch nicht vorweggenommen und daß die zur
Erläuterung gewählten Beispiele noch nicht benützt
worden waren. Daher finden sich in der vorliegenden
Schrift weder Wiederholungen schon vorhandener Aus-
führungen noch Reproduktionen fremder Zeichnungen.
Sämtliche Figuren und Nomogramme sind vom Verfasser
neu entworfen und eigenhändig gezeichnet worden. In
Hinsicht der Beispiele stellen die beigebrachten Nomogramme vielleicht nicht immer die beste der zahlreich
möglichen Lösungen der Aufgaben dar, sicherlich aber

---

[1]) Traité de Nomographie; théorie des abaques; applications
pratiques. Gauthier-Villars 1899.

[2]) Contribution à la théorie et aux applications de la Nomographie. Mémoires et Compte rendu des travaux de la Société des
Ingenieurs Civils de France. Paris 1901.

[3]) Über die Nomographie von M. d'Ocagne. Von Dr. Fried-
rich Schilling. Leipzig 1917. — Graphische Darstellung in
Wissenschaft und Technik. Von Prof. Dr. Marcello Pirani. Berlin
1919. — Einführung in die Nomographie von P. Luckey.
Leipzig 1920.

eine solche, an der das Verfahren anschaulich erklärt werden konnte.

In der Hauptsache war der Verfasser bestrebt, zu zeigen, wie einfach die Grundlagen des Verfahrens sind und welch geringer mathematischer Apparat zum Gebrauch erforderlich ist. Rechnerisch tätigen praktischen Ingenieuren und Konstrukteuren können Fluchtlinientafeln, die sehr leicht zu zeichnen sind, viele wertvolle Dienste leisten.

Wien, im Dezember 1921.

Der Verfasser.

Inhalts-Verzeichnis.

Erstes Kapitel.

Legt man drei gewöhnliche Maßstäbe, etwa Meter-
stäbe, so vor sich auf den Zeichentisch, daß ihre
Teilungen in gleicher Richtung parallel laufen, ihre
Nullpunkte in einer Geraden liegen und die beiden

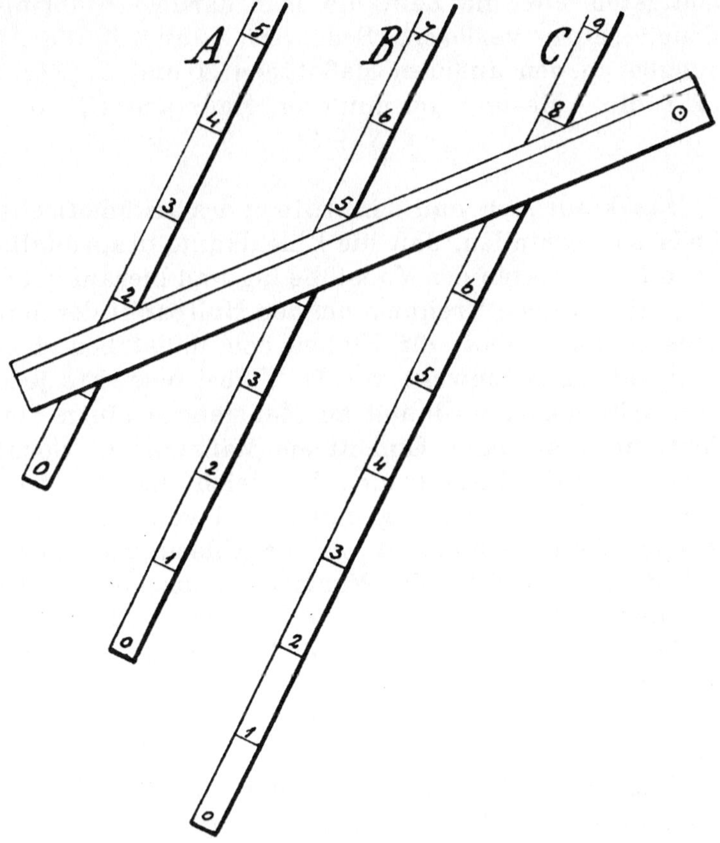

Fig. 1.

äußeren Maßstäbe vom mittleren Maßstabe gleichweit entfernt sind, so liest man an der Kante eines quer über diese Maßstäbe gelegten Lineales an der Bezifferung des mittleren Maßstabes eine Zahl ab, die das arithmetische Mittel der an der Linealkante von den beiden anderen Maßstäben abgelesenen Zahlen ist.

Diese Erhebung ist fast selbstverständlich und es scheint kaum der Mühe wert, Worte darüber zu verschwenden. Gerade die einfachsten Dinge sind aber die wichtigsten und die Zeit, die man darüber hinbringt, ist nur selten verloren. Bedeuten X und Z die Ablesungen an den äußeren Maßstäben A und C (Fig. 1) und Y die Ablesung am mittleren Maßstabe C, so ist

$$Y = \frac{X + Z}{2}.$$

Man kann sich nun den Aufbau des arithmetischen Mittels so vorstellen, daß die Linealkante ursprünglich an den Nullpunkten der Maßstäbe lag und hierauf zuerst durch allmähliche Drehung um den Nullpunkt des Maßstabes C um Einheit für Einheit des Maßstabes A bis zur Ablesung X bewegt wurde. Dabei bewirkte jeder Fortschritt um eine Einheit am Maßstabe A einen Fortschritt um eine halbe Einheit am Maßstabe B. Sobald die Linealkante die Ablesung X erreicht hat, wird das Lineal im Punkte X festgehalten und vom Nullpunkte des Maßstabes C allmählich bis zur Ablesung Z bewegt. Auch dabei bewirkt jeder Fortschritt um eine Einheit am Maßstabe C einen Fortschritt um eine halbe Einheit am Maßstabe B und die schließliche Ablesung am Maßstabe B ergibt sich zu

$$Y = \frac{X}{2} + \frac{Z}{2}.$$

Wenn die Maßstäbe statt der linearen Teilung logarithmische Teilung besitzen, so ergibt die Ablesung am mittleren Maßstabe, wegen

$$\log Y = \tfrac{1}{2}\,(\log X + \log Z),$$

statt des arithmetischen Mittels das geometrische Mittel

$$Y = \sqrt{XZ}.$$

Wenn die Teilung des mittleren Maßstabes nach Längeneinheiten beziffert ist, die nur halb so lang als die Längeneinheiten der äußeren Maßstäbe sind, so erhält man bei den linear geteilten Maßstäben die Ablesung

$$Y = X + Z$$

und bei den logarithmisch geteilten Maßstäben die Ablesung

$$Y = XZ.$$

Wenn die Nullpunkte der Maßstäbe nicht in einer Geraden liegen, so daß also die Verbindungslinie der Nullpunkte von A und C durch die Ablesung K des

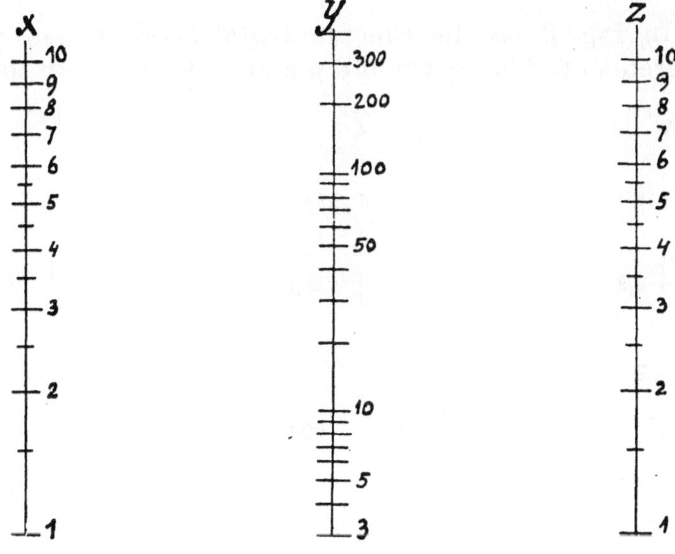

Fig. 2.

Maßstabes B läuft, so erhält man bei den linear geteilten Maßstäben die Ablesung

$$Y = X + Z + K$$

1*

und bei den logarithmisch geteilten Maßstäben die Ablesung (Fig. 2)

$$Y = KXZ,$$

wobei zu beachten ist, daß der Nullpunkt der logarithmischen Skala die Ziffer 1 trägt.

Als Beispiel ist in Fig. 2 das Nomogramm für
$Y = 3XZ$ gegeben.

Mit diesen wenigen Errungenschaften ausgerüstet,
kann man schon eine Reihe von Aufgaben bewältigen.

Die Zustandsgleichung der atmosphärischen Luft
lautet bekanntlich

$$pv = RT,$$

worin p den Luftdruck in kg/qm, v das Volumen von
1 kg Luft in Kubikmeter, T die absolute Temperatur
und $R = 29,3$ die Gaskonstante bedeutet. Somit ist

$$T = \frac{pv}{R}.$$

In Fig. 3 ist die Fluchtlinientafel gezeichnet, die
äußeren Maßstäbe gelten für p und v, der mittlere Maß-

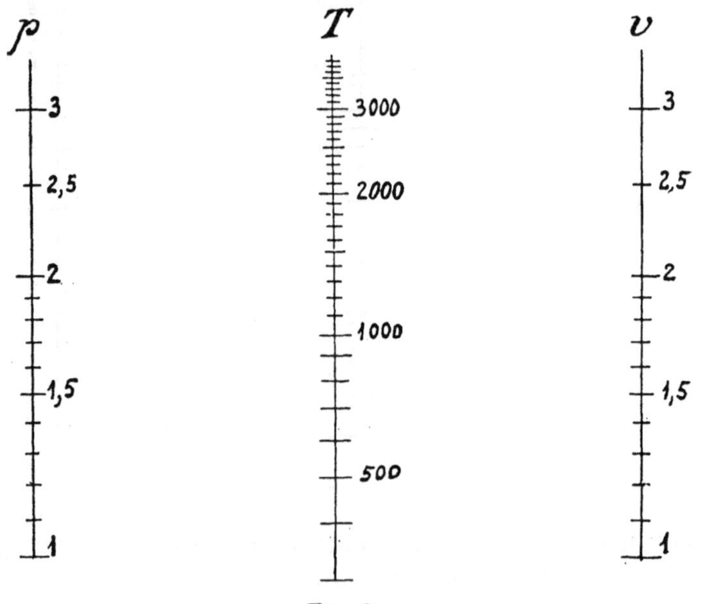

Fig. 3

stab für T. Als Einheiten der logarithmischen Teilungen sind Kubikmeter, Atmosphären und 100 Gr. genommen, wobei die Längeneinheiten, wonach die Logarithmen am mittleren Maßstab aufgetragen sind, halb so groß als jene sind, wonach die Teilung der äußeren Maßstäbe vorgenommen wurde. Für je zwei gegebene Werte von p, v, T findet sich der gesuchte dritte Wert am zugehörigen Maßstab im Schnittpunkte der Geraden, die die Ablesungen der gegebenen Werte verbindet. Die drei geteilten Maßstäbe ersetzen somit vollkommen die Kurvenscharen, die bei der Darstellung in kartesischen Koordinaten vorkommen. Ein Zwischenglied bilden allerdings Achsenkreuze mit logarithmischer Teilung, wobei an Stelle der Kurven Scharen von geraden Linien treten.

Zweites Kapitel.

Nach dem im ersten Kapitel geschilderten Vorgang der Linealbewegung läßt sich leicht feststellen, wie die Ablesung am mittleren Maßstab ausfällt, wenn die Teilungen der Maßstäbe voneinander verschieden sind.

Der allgemeine Fall für parallele Maßstäbe wäre aber der, daß die Maßstäbe in ungleichen Abständen voneinander liegen und verschiedene Teilungen besitzen. Um systematisch vorzugehen, müssen irgendwelche Grundsätze über die Richtungen, in welchen Längen und Zahlenreihen positiv gezählt werden sollen, aufgestellt werden. Da die Richtung der parallelen Maßstäbe ganz beliebig ist, kann sich der Beschauer immer so dazu stellen, daß sie für ihn als horizontal oder als vertikal gelten. In diesem Falle soll als positiv die Richtung von links nach rechts und von unten nach oben gelten. Die Einheiten der Maßstabsteilungen der Maßstäbe sollen sich wie die Längen $A : B : C$ verhalten und die Maßstäbe mit den Buchstaben A, B und C bezeichnet sein. Die in irgendeiner Richtung gemessene Entfernung des Maßstabes B vom Maßstabe A soll sich zu der in derselben Richtung gemessenen Entfernung des Maßstabes C vom Maßstabe A wie die Zahlen $m : (m + n)$ verhalten. In passenden Längeneinheiten gemessen, beträgt daher m die Entfernung des Maßstabes B von A und n die Entfernung des Maßstabes C von B (Fig. 4).

Um nun herauszubringen, wie die Ablesung Y am Maßstabe B ausfällt, wenn die Linealkante die Ablesung X am Maßstabe A mit der Ablesung Z am Maßstabe C in gerader Linie verbindet, betrachte man folgende Linealbewegung. Die Anfangslage des Lineals sei durch die Nullpunkte der Maßstäbe A und C gegeben. Nun werde das Lineal um den Nullpunkt des Maßstabes A bis zur Ablesung 1 am Maßstabe C gedreht. Da der Maßstab C sich in der Entfernung $m + n$, der Maßstab B sich aber nur in der Entfernung m vom Maßstabe A befindet, ist die von der Linealkante am Maßstabe B zurückgelegte Strecke $\dfrac{n + m}{m}$ mal kleiner

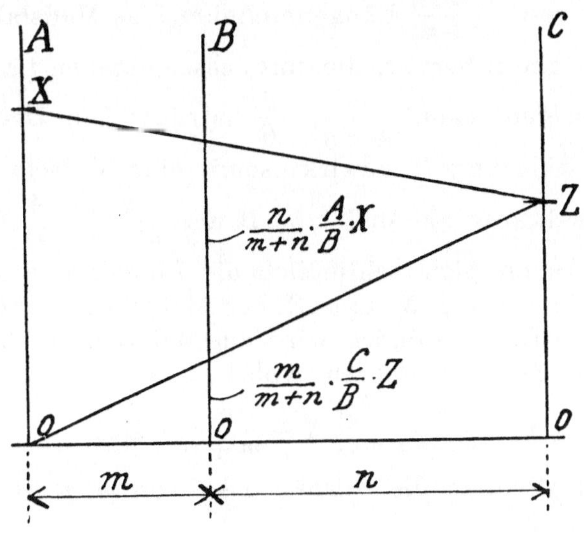

Fig. 4.

als eine Längeneinheit des Maßstabes C, sie beträgt daher $\dfrac{m}{m + n}$ Längeneinheiten des Maßstabes C oder $\dfrac{m}{m + n} \cdot \dfrac{C}{B}$ Längeneinheiten des Maßstabes B; wird die Drehung des Lineals anstatt zur Ablesung 1 bis zur Ablesung Z am Maßstabe C ausgeführt, so beträgt die am Maßstabe B von der Linealkante zurückgelegte Strecke $\dfrac{m}{m + n} \cdot \dfrac{C}{B} \, Z$ Längeneinheiten des Maßstabes B.

Die Ablesung am Maßstabe B wird alsdann sein:

$$\frac{m}{m+n} \cdot \frac{C}{B} Z,$$

wobei das Lineal die Punkte 0 vom Maßstabe A mit dem Punkte Z am Maßstabe C verbindet. Nun werde das Lineal im Punkte Z festgehalten und von der Ablesung 0 bis zur Ablesung X am Maßstabe A gedreht. Dabei bringt jeder Fortschritt um eine Längeneinheit am Maßstabe A eine Verschiebung der Linealkante im Betrage von $\frac{n}{m+n}$ Längeneinheiten des Maßstabes A am Maßstabe B hervor, die, mit dessen eigenen Längeneinheiten gemessen, $\frac{n}{m+n} \cdot \frac{A}{B}$ beträgt. Die Drehung bis zur Ablesung X bewirkt somit eine Verschiebung der Linealkante am Maßstabe B um $\frac{n}{m+n} \cdot \frac{A}{B} X$ Einheiten. Wenn sich schließlich die Linealkante in der durch die Punkte X und Z der Maßstäbe A bzw. C gegebenen Linie befindet, wird am Maßstabe B die Ablesung Y gemacht werden, wobei

$$Y = \frac{n}{m+n} \cdot \frac{A}{B} X + \frac{m}{m+n} \cdot \frac{C}{B} Z.$$

Wählt man aber die Verhältnisse von m, n, A, B, C derartig, daß

$$\frac{n}{m+n} \cdot \frac{A}{B} = \frac{m}{m+n} \cdot \frac{C}{B} = 1 \text{ oder}$$

$$\frac{1}{A} : \frac{1}{B} : \frac{1}{C} = n : (m+n) : m$$

wird, so ergibt sich:

$$Y = X + Z.$$

Bisher ist bei dieser Entwicklung vorausgesetzt worden, daß die Maßstäbe lineare Teilungen besitzen, die so beziffert sind, daß die an irgendeinem Teilstriche gemachte Ablesung die Entfernung des Teilstriches vom Nullpunkte des Maßstabes, mit dessen eigenen

Längeneinheiten gemessen, angibt. Wenn aber in der Beziehung $Y = X + Z$ die veränderlichen Größen X, Y und Z als Funktionen anderer Veränderlicher derart angesehen werden können, daß

$$X = f_1(x)$$
$$Y = f_2(y)$$
$$Z = f_3(z)$$

gilt, so daß die Beziehung auch lautet:

$$f_2(y) = f_1(x) + f_3(z),$$

so werden die auf X, Y und Z entfallenden Längen zweckmäßig mit den entsprechenden Werten von x, y und z beziffert.

Beispielsweise sei für die Beziehung

$$x = 1 + \sqrt{y - 3z - 2}$$

ein Nomogramm aufzuzeichnen, dem für beliebige Werte von x und z innerhalb der Grenzen von 5 bis 8,5 für x und von 3 bis 18 für z die zugehörigen Werte von y zu entnehmen sein sollen. Aus der gegebenen Beziehung findet sich

$$y = (x-1)^2 + 3z + 2.$$

Setzt man nun

$$X = (x-1)^2$$
$$Y = y-2$$
$$Z = 3z$$

wonach $Y = X + Z$, und wählt $m = n = 1$, so ergibt sich das Verhältnis der Längeneinheiten von X, Y und Z zu

$$A : B : C = 1 : {}^1/_2 : 1.$$

Man wählt also etwa die Längeneinheit für X und Z zu 2 mm und die für Y mit 1 mm und beziffert die Teilungen nicht nach den Werten von X, Y und Z, sondern nach denen von x, y und z. Für $x = 5$ und $z = 3$ ergibt die Gleichung $y = 27$. Der Maßstab B muß daher die Ablesung 27 an der Verbindungslinie der angegebenen x- und z-Werte ergeben. Da die Längeneinheit für Y und y 1 mm beträgt, kann die y-Skala ohne Schwierigkeit aufgetragen werden. Wenn $z = 1$ ist, so ist $Z = 3z = 3$, d. h. auf je 3 Einheiten des Z-Maßstabes entfällt eine Einheit der z-Teilung. Da die Längeneinheit des Z-Maßstabes 2 mm beträgt, ist die Skala mit 6 mm Teilung für z aufzutragen. Die Skala für x beginnt bei 5, der zugehörige Wert für X beträgt 16, für $x = 8$ ergibt sich $X = 49$, die Differenz beträgt 33 und da der Maßstab der X 2 mm ist, ergibt sich der Abstand der Punkte 5 und 8 zu 66 mm. Die Zwischenpunkte werden proportional einer quadratischen Skala beliebigen Maßstabes eingetragen (Fig. 5).

In Wirklichkeit ist die Konstruktion eines Nomogrammes für Beziehungen, welche der allgemeinen Form $X + Y + Z = 0$ entsprechen, worin X, Y und Z beliebige Funktionen von drei unabhängigen Veränderlichen sind, viel einfacher, als die bisherigen Erörterungen erkennen lassen. Insbesondere sind keine mühseligen Rechnungen notwendig, um die Abstände und Skalenteilungen zu ermitteln. Hat man sich beim Entwurf einer Fluchtlinientafel über ein gewisses Format entschieden, so bestimmt bei vertikaler Anordnung der Maßstäbe die Breite des Formates die gegenseitige Entfernung der äußeren Maßstäbe und die Höhe des Formates bei gegebenen Grenzwerten der Veränderlichen die Skalenteilung dieser Maßstäbe. Die Lage des mittleren Maßstabes ergibt sich alsdann aus dem Schnittpunkt der Linien, welche zwei Wertpaare verbinden, die nach der gegebenen Beziehung einem und demselben Werte der dritten Veränderlichen entsprechen. Den Entwurf des zuletzt betrachteten Nomogrammes, das für die Beziehung $(x - 1)^2 - y + 3z + 2 = 0$ gilt, hätte man sich demnach etwa folgendermaßen zu denken. Aus dem gewählten Format von 80×90 mm ergibt sich der gegenseitige Abstand der äußeren Skalen für x und z zu 80 mm. Die lineare Skala der z-Werte soll die 15 Einheiten von

3—18 auf 90 mm Höhe umfassen. Hieraus ergibt sich die Teilung von 6 mm für eine Einheit von z. Die Skala der x-Werte ist quadratisch, so zwar, daß den Werten von $x = 1, 2, 3, 4$ usw. die Längen 0, 1, 4, 9 usw. entsprechen. Fertigt man sich eine solche Skala an und überträgt sie proportional derart auf die gewählte Höhe des Formates

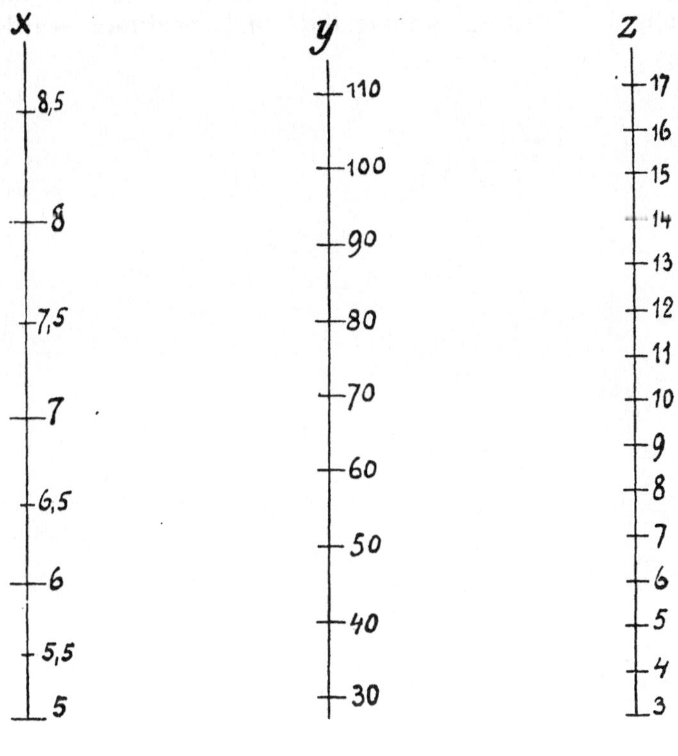

Fig. 5.

von 90 mm, daß die Werte $5—8^1/_2$, wie gefordert, innerhalb dieser Höhe erscheinen, so ist damit auch die Teilung der x-Skala vollzogen. Um die Lage der y-Skala zu finden, bestimmt man aus der gegebenen Beziehung zwei Wertpaare von x und z, welche einem und demselben Wert von y entsprechen. Beispielsweise entsprechen dem

Wert von $y = 69$ die Wertpaare $x = 6$, $z = 14$ und $x = 8$, $z = 6$. Zieht man die beiden Verbindungslinien, so schneiden sich diese im Punkt 69 der y-Skala, deren Lage dadurch festgelegt ist. Die Linie $x = 5$, $z = 3$ ergibt Punkt 27 dieser Skala. Da die Entfernung der beiden Punkte 42 mm beträgt, die 42 Einheiten von y entsprechen, ergibt sich der Maßstab für die Einheit von y zu 1 mm, wonach die Teilung angefertigt und beziffert werden kann.

Drittes Kapitel.

Nach den bisherigen Auseinandersetzungen stellt eine für die Beziehung $Y = X + Z$ geltende Fluchtlinientafel ein System von drei parallelen bezifferten Skalen oder Maßstäben dar, die, wenn sie nach den Werten von X, Y und Z beziffert sind, die positive Zahlenreihe in der Richtung von unten nach oben enthalten. Setzt man nun $X_1 = -X$, $Y_1 = Y$ und $Z_1 = Z$ und beziffert die Skalen nach den Werten von X_1, Y_1 und Z_1, so ändert sich an den Bezifferungen der Skalen für Y und Z nichts, dagegen erhalten die Teilstriche des Maßstabes für die X_1-Werte oberhalb des Nullpunktes Bezifferungen mit negativem Vorzeichen und die positive Zahlenreihe erstreckt sich vom Nullpunkte an nach abwärts. Es ist völlig so, als hätte man die für die X-Werte gültige Skala umgedreht. Eine gerade Verbindungslinie von irgendeinem Teilpunkt X_1 zu irgendeinem Teilpunkt Z_1 schneidet alsdann die mittlere Skala in dem Punkte $Y_1 = Z_1 - X_1$.

Bedeuten X, Y bzw. Z die Ablesungen an den Schnittpunkten einer quer über die Maßstäbe gezogenen Geraden, so gilt für gleichgerichtete Skalen:
$$X = Y - Z; \quad Y = X + Z; \quad Z = Y - Z;$$
dagegen für eine Anordnung mit umgekehrter X-Skala:
$$X = Z - Y; \quad Y = Z - X; \quad Z = X + Y.$$
Der Einfluß des Unterschiedes wird sehr deutlich, wenn man zwei gewöhnliche Maßstäbe parallel so auf den Zeichentisch legt, daß die Teilungen in entgegengesetzten Richtungen laufen, in die Mitte zwischen beiden einen dritten Maßstab legt und Sorge trägt, daß die Anfangspunkte oder Nullpunkte dieser Maßstäbe in einer Geraden

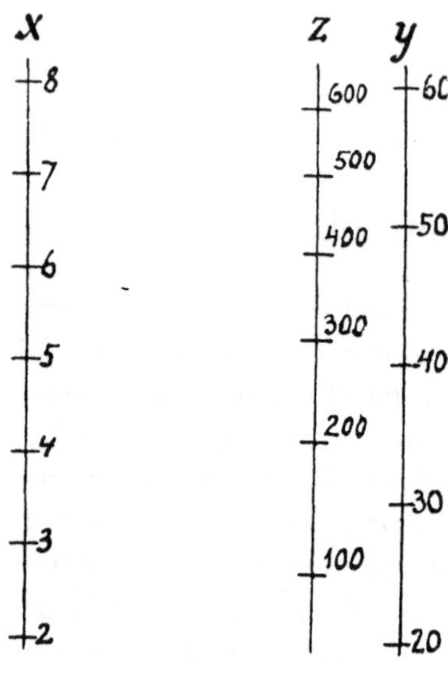

Fig. 6.

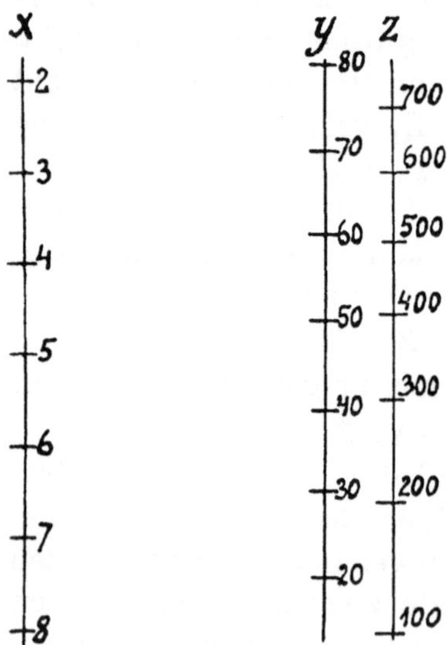

Fig. 7.

liegen. Legt man alsdann ein Lineal quer über diese Maßstäbe, so ergibt die Ablesung des mittleren Maßstabes an der Linealkante den Wert $\dfrac{Z}{2} - \dfrac{X}{2}$, wobei X und Z die Ablesungen der äußeren Maßstäbe an der Linealkante bedeuten. Eine Beziehung, die durch ein Nomogramm mit gleichgerichteten parallelen Maßstäben darstellbar ist, kann auch durch ein Nomogramm mit in diesem Sinne verschieden gerichteten Maßstäben dargestellt werden.

Als Beispiel ist in Fig. 6 ein Nomogramm für die Beziehung $3\sqrt{z} = 2x + y$ gezeichnet. Als in Betracht zu ziehende Grenzwerte sind $x = 2$ bis 8 und $y = 20$ bis 60 angenommen. Fig. 6 zeigt ein Nomogramm mit gleichgerichteten Skalen; Fig. 7 das Nomogramm mit umgekehrter x-Skala. Als Format wurde 40×60 mm gewählt. Der Entwurf erfolgte genau nach dem S. 10 angegebenen Verfahren. Es ist wichtig, den Verlauf der Nullinien zu beachten. Sie läuft in

Fig. 7 von links oben nach rechts unten schräg über die Tafel. Um eigenen Versuchen des Lesers nicht vorzugreifen, sind in die Nomogramme keine Linien eingezeichnet.

Wenn die Funktionen der unabhängig Veränderlichen nur additiv miteinander verbunden sind, so ist die Möglichkeit der nomographischen Darstellung für eine unbeschränkte Anzahl Veränderlicher vorhanden. Ist beispielsweise

$$Z = U + V + W + X + Y,$$

so kann aus $U + V = Q$ eine Hilfslinie Q bestimmt werden, aus $Q + W = R$ eine Hilfslinie R, aus $R + X = S$ eine Hilfslinie S, endlich aus $S + Y$ der Maßstab mit Skala Z. Die Hilfslinien Q, R, S brauchen keine Teilungen und Bezifferungen zu erhalten; es genügt, an ihnen die Schnittpunkte der Geraden jeweils zu markieren. Das einzuschlagende Verfahren wird folgendes Beispiel zeigen.

Die Formel

$$L = 0{,}115\left[C + 3\left(H - \frac{0}{8}\right)\right]$$

gibt das zur vollkommenen Verbrennung von 1 kg Brennstoff theoretisch erforderliche Luftquantum in Kilogramm an, wenn in 100 Gewichtsteilen des Brennstoffes C Gewichtsteile Kohlenstoff, H Gewichtsteile Wasserstoff und O Gewichtsteile Sauerstoff enthalten sind.

Der Gehalt an diesen Bestandteilen schwankt bei den verschiedenen Brennstoffen innerhalb der nachstehend angegebenen äußersten Grenzwerte

Kohlenstoff zwischen 40 und 100 Teilen
Wasserstoff   „   1   „   12   „
Sauerstoff   „   0   „   40   „

Soll das Nomogramm 120 mm Höhe erhalten, so können folgende Maßstäbe angewendet werden für 1 Gewichtsteil C 2 mm, für 1 Gewichtsteil H 10 mm und für 1 Gewichtsteil O 3 mm. Die Breite der Fluchtlinientafel betrage 90 mm und die Skalen der gegebenen Werte C, H, O sollen in dieser Reihenfolge nebeneinander liegen.

Alsdann liegen die Maßstäbe für C und O in einer gegenseitigen Entfernung von 90 mm, die H-Skala dazwischen, also etwa 40 mm von der C-Skala entfernt, wie in Fig. 8 ausgeführt. In der Abbildung ist die Figur ungefähr auf die Hälfte verkleinert.

Die oben angegebene Formel läßt sich auch folgendermaßen schreiben:

$$L = 0{,}115 \; C + 0{,}345 \; H - 0{,}043 \, O.$$

Aus $0{,}115 \; C + 0{,}345 \; H$ bestimmt sich eine Hilfslinie L_1, deren Lage etwa aus den beiden Wertpaaren $C = 70$, $H = 0$ und $C = 58$, $H = 4$, die beide dem Wert $L_1 = 8{,}05$ entsprechen, im Schnittpunkt der zwei den Wertpaaren entsprechenden Verbindungslinien gefunden wird. Nun kann man aus

$$L_1 - 0{,}043 \, O = L$$

die gesuchte Skala L wie folgt finden. Damit sie zwischen die Hilfslinie L_1 und den Maßstab für O fällt und von unten nach oben beziffert werden kann, muß die Skala für O mit wachsenden Werten von oben nach unten beziffert werden. Die Lage der Skala L findet man aus den Werttripeln $C = 70$, $H = 0$, $O = 0$ und $C = 80$, $H = 0$, $O = 26{,}74$, die beide den Wert $L = 8{,}05$ ergeben. Aus den Werten C und H findet man zwei Schnittpunkte mit der Hilfslinie L_1, von denen sich die Verbindungslinien mit den auf der O-Linie befindlichen Punkten 0 bzw. 26,74 in einem Punkte schneiden, der die Lage des

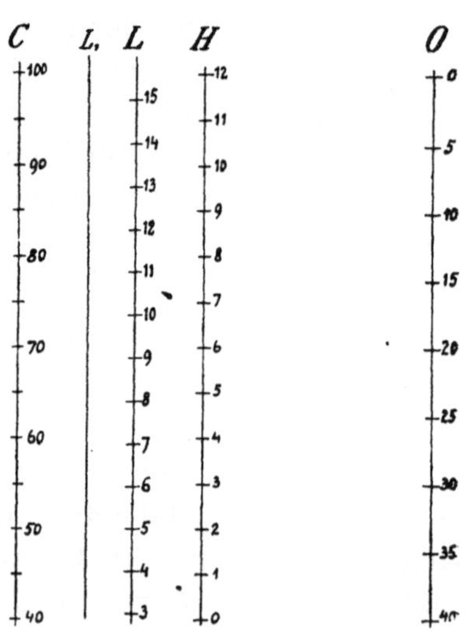

Fig. 9.

Maßstabes L angibt. Die Maßstabsteilung der L-Linie kann man aus zwei Wertpaaren bestimmen, welche Luftmengen entsprechen, die sich um eine ganze Anzahl Einheiten unterscheiden. Beispielsweise entspricht $C = 40$, $H = 0$, $O = 37{,}29$ dem Wert $L = 3{,}00$ und $C = 90$, $H = 8$, $O = 2{,}558$ dem Wert $L = 13{,}00$. Sucht man die beiden Punkte und teilt ihren Abstand in 10 Teile, so hat man das Maß für $L = 1$. Die Benützung der Fluchtlinientafel ist sehr einfach. Von den gegebenen Werten für C, H und O sucht man zunächst die Punkte für C und H auf den zugehörigen Skalen und markiert auf der unbezifferten L_1-Linie den Punkt, in welchem sie von der geraden Verbindungslinie der beiden auf C und H befindlichen Punkte geschnitten wird. Diesen Schnittpunkt verbindet man alsdann durch eine Gerade mit dem auf der O-Linie abzulesenden Wert für O. Wo die Verbindungslinie die L-Linie schneidet, liest man den Wert für L ab.

Viertes Kapitel.

Das in Fig. 8 mitgeteilte Nomogramm für die Beziehung $L = 0{,}115\ C + 0{,}345\ H - 0{,}043\ O$ besteht aus vier bezifferten Maßstäben für die vier Veränderlichen L, C, H, O und einer unbezifferten Hilfslinie L_1. Eine solche unbezifferte Hilfslinie nennt man auch Zapfenlinie, weil das Lineal, welches zuerst in die Lage der Verbindungslinie zwischen zwei gegebenen Werten gebracht wird, hierauf um den Schnittpunkt mit der unbezifferten Hilfslinie als Drehpunkt oder Zapfen soweit gedreht werden muß, bis seine Kante den Wert der dritten Veränderlichen trifft, um alsdann am Schnittpunkt der Linealkante mit der vierten Skala das gesuchte Resultat ablesen zu können.

Verlegt man diese Zapfenlinie in unendlich weite Ferne, so verschwindet sie vom Zeichenbrett und statt der Drehung des Lineals ist eine Parallelverschiebung vorzunehmen. Die früher aufgestellte Gleichung, die für drei parallele Maßstäbe A, B, C gilt, deren gegenseitige Abstände sich wie $m:n$ verhalten und die mit den Werten der Funktionen X, Y, Z beziffert sind, wenn die Längen der Maßstabseinheiten bzw. A, B, C sind, lautete

$$Y = \frac{n}{m+n}\cdot\frac{A}{B}\,X + \frac{m}{m+n}\cdot\frac{C}{B}\,Z.$$

Die Ablesung am äußeren Maßstab Z ergibt sich zu:

$$Z = \frac{m+n}{m}\cdot\frac{B}{C}\,Y - \frac{n}{m}\cdot\frac{A}{C}\,X.$$

Für die in unendlich weiter Ferne liegende Zapfenlinie ist sowohl $n = \infty$, wie $C = \infty$, so daß die als Koeffi-

zienten von Y und X erscheinenden Produkte endlichen
Parametern entsprechen können.

Übrigens kann das Verfahren der Parallelverschiebung des Lineals auch folgendermaßen anschaulich erklärt werden. Legt man vier gleichmäßig geteilte Maßstäbe parallel in beliebigen Abständen voneinander derartig vor sich auf den Zeichentisch, daß die Nullpunkte der Teilungen in einer Geraden liegen, und legt man ferner

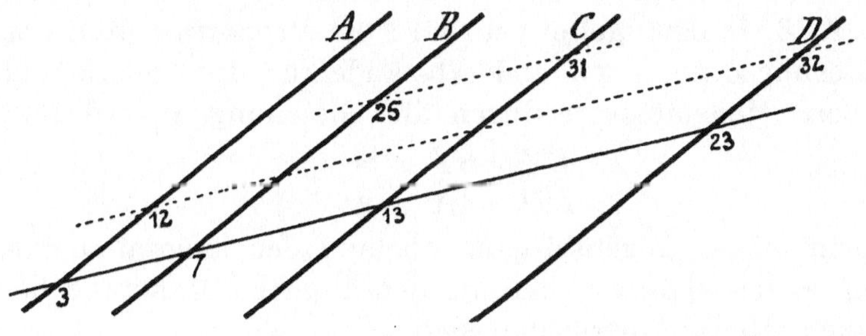

Fig. 9.

ein Lineal quer über die ganze Schar, wobei die Richtung
des Lineals von derjenigen der Verbindungslinie der Nullpunkte verschieden ist, so sind die Differenzen der Ablesungen an der Linealkante bei beliebigen ins Auge ge-
faßten Maßstabspaaren den Abständen der Maßstäbe, welche die Paare bilden, proportional. Da nun die Differenz
der Ablesungen an den Maßstäben eines Paares nur von
der Richtung des Lineals abhängt, so können die Ablesungen an verschiedenen Maßstabspaaren an den Kan-
ten verschiedener Lineale vorgenommen werden, sofern
nur diese Lineale parallel gerichtet sind. Ergäbe beispielsweise (Fig. 9) ein quer über vier Maßstäbe A, B, C, D
gelegtes Lineal die Ablesungen 3, 7, 13, 23, so ist daraus
zu schließen, daß sich die Abstände zwischen den Linealen
wie $2 : 3 : 5$ verhalten. Faßt man nun die zwei inneren
Maßstäbe B und C als das eine Paar und die beiden äußeren Maßstäbe A und D als ein zweites Paar ins Auge, so
wird man etwa an zwei anderen Linealen, die dem zuerst

benützten parallel liegen, die Ablesungen 25 und 31 am inneren Paar und die Ablesungen 12 und 32 am äußeren Paar erhalten. Die Differenzen der Ablesungen 6 und 20 sind dieselben wie früher und verhalten sich zueinander so wie die Abstände der Maßstäbe, die die Paare bilden.

Wenn die Maßstäbe oder Skalen verschiedene, aber gleichmäßige lineare Teilungen besitzen, so zwar, daß die Einheiten der Maßstabsteilungen den Längen A, B, C, D bzw. entsprechen und die Maßstäbe für die Funktionen X, Y, Z, U bzw. gelten, so wird die Proportionalität der Ablesungsdifferenzen und Abstände für das innere und äußere Maßstabspaar durch die Gleichung ausgedrückt

$$\frac{CZ-BY}{DU-AX} = \frac{m}{n},$$

worin m den gegenseitigen Abstand der inneren und n den gegenseitigen Abstand der äußeren Maßstäbe bedeuten. Hieraus berechnet sich

$$Z = \frac{B}{C}\,Y + \frac{m}{n}\,\frac{D}{C}\,U - \frac{m}{n}\,\frac{A}{C}\,X$$

und danach ist eine Fluchtlinientafel dieses Systems für die Beziehung

$$L = 0{,}115\,C + 0{,}345\,H - 0{,}043\,O$$

in Fig. 10 ausgearbeitet, welche dasselbe leistet, wie die Fluchtlinientafel Fig. 8, aber einfacher anzuwenden ist. Das Nomogramm Fig. 10 wird folgendermaßen benützt: Eine Lineal- oder eine Dreieckskante wird zuerst an die Punkte der Werte von H und O gelegt, hierauf parallel so weit verschoben, bis die Kante durch den gegebenen Wert von C läuft,

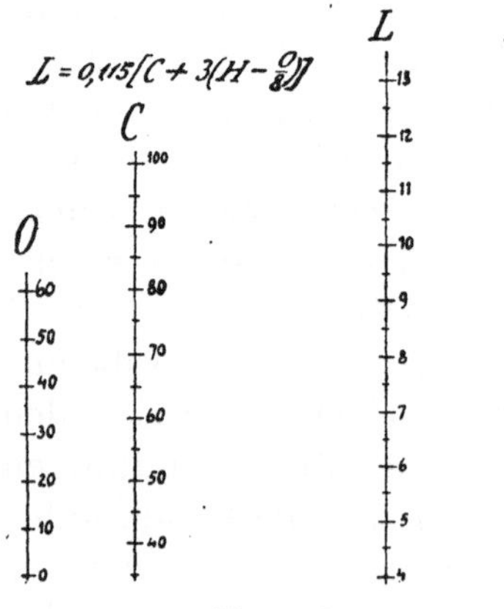

Fig. 10.

worauf an dem Maßstabe L das Resultat abzulesen ist.

Fig. 11 zeigt ein Nomogramm, bei welchem an Stelle
der geraden Maßstäbe kreisförmig gebogene Skalen ge-
treten sind. Das Nomogramm gilt für dieselbe Beziehung
der Veränderlichen wie die Tafeln Fig. 8 und 10. Die
Benützung erfolgt genau so wie bei der Tafel Fig. 10.
Man legt die Lineal- oder Dreieckkante zuerst in
die Verbindungslinie der gegebenen H- und O-Werte
und verschiebt sie alsdann parallel zu sich selbst, bis

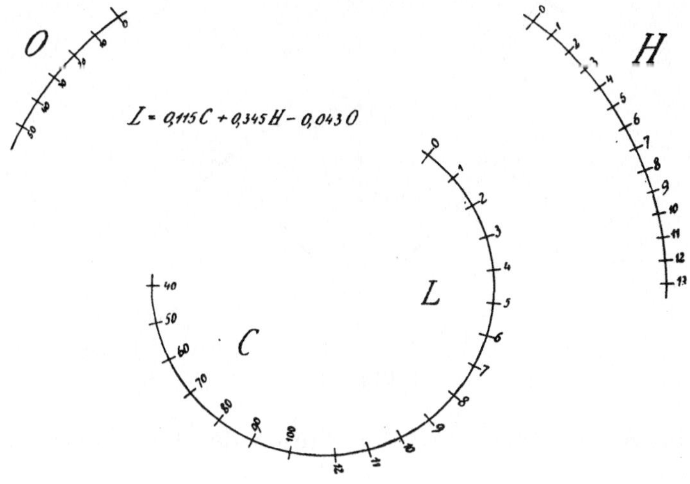

Fig. 11.

die Kante durch den gegebenen C-Wert läuft, worauf
man das Resultat, dort, wo die Kante die L-Skala
schneidet, abliest. Das Konstruktionsprinzip geht aus
Fig. 12 hervor. Auf zwei konzentrischen Kreisen wähle
man 4 Nullpunkte von Skalen derart, daß sie paarweise
auf gleichen Radien liegen. Von den Nullpunkten werden
nach entgegengesetzten Richtungen die Größen der
Veränderlichen u, v, x, y als Bogenlängen gemessen.
Parallele Sehnen schneiden alsdann von den Skalen

Bogenlängen ab, die, wie die Figur zeigt, in folgenden
Beziehungen stehen:

$$u + S_1 = S_2 + v$$
$$x + s_1 = s_2 + y.$$

Hieraus ergibt sich

$$\frac{u-v}{x-y} = \frac{S_2-S_1}{s_2-s_1} = m,$$

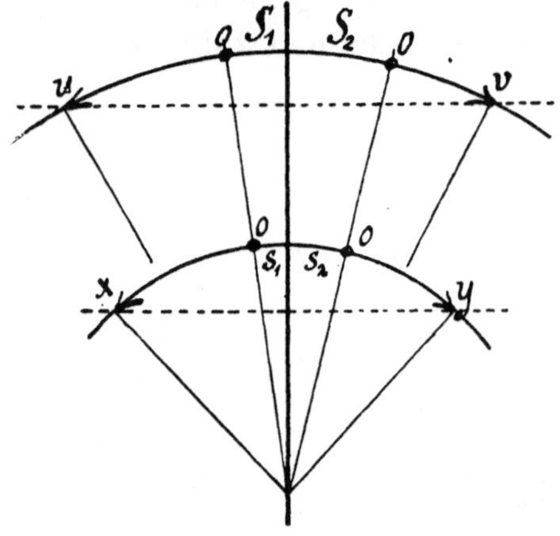

Fig. 12.

worin m das Verhältnis der Radien der konzentrischen
Kreise ist. Mit $u = AX$, $v = BY$, $x = CZ$, $y = DU$ erhält
man die schon mehrfach benützte Gleichung

$$\frac{AX-BY}{CZ-DU} = m.$$

Die Konstruktion des Nomogrammes Fig. 11 wurde
mit Kreisen von 100 und 200 mm Durchmesser ausgeführt. Die Abbildung ist auf ungefähr die Hälfte verkleinert.

Fünftes Kapitel.

Wenn die Funktionen X, Y, Z, U die Logarithmen der Veränderlichen x, y, z, u und die Skalen eines für die Beziehung $U = X + Y + Z$ gültigen Nomogrammes nach den entsprechenden Werten von x, y, z, u beziffert sind, so gilt das dermaßen veränderte Nomogramm für die Beziehung $u = xyz$. An Stelle der für die natürliche Zahlenreihe gültigen regelmäßigen linearen Teilung des ursprünglichen Nomogrammes erscheint alsdann eine logarithmische Teilung. Als Beispiel diene ein Nomogramm für die jedem Maschineningenieur geläufige Formel

$$S = \frac{Dp}{2\delta},$$

die die Materialspannung in der Wand eines Zylinders vom Durchmesser D und der Wandstärke δ angibt, wenn der Zylinder einem inneren oder äußeren Druck von der Größe p unterworfen ist. Das Nomogramm ist in Fig. 13 abgebildet. Auf der Skala des äußeren Kreises sind rechts die Durchmesser in Metern, links die Drücke in kg/qcm abzulesen. Die Skala des inneren Kreises gilt links für die Wandstärken in mm, rechts für die Materialspannungen in kg/qmm. Bei der Benützung des Nomogrammes legt man eine Linealkante durch die zwei Punkte des äußeren Kreises, welche den gegebenen Werten von D und p entsprechen, und verschiebt alsdann die Kante parallel zu sich selbst, bis sie durch den am inneren Kreise verzeichneten gegebenen Wert von δ läuft. Dort, wo die Kante die Skala der Materialspannungen schneidet, ist der gesuchte Wert S abzulesen. In ähnlicher Weise ist zu verfahren, wenn für gegebene Werte von D, δ und S der zulässige Druck p gesucht wird. Das Nomogramm gilt für Durchmesser der Zylinder von 0,5 bis 10 m, für Drücke von 1 bis 20 kg/qcm und für Wandstärken von 3 bis 40 mm.

Die Aufzeichnung des Nomogrammes ist außerordentlich einfach. Die Größe der Kreise ist ganz beliebig. Für Drücke und Durchmesser am äußeren Kreise

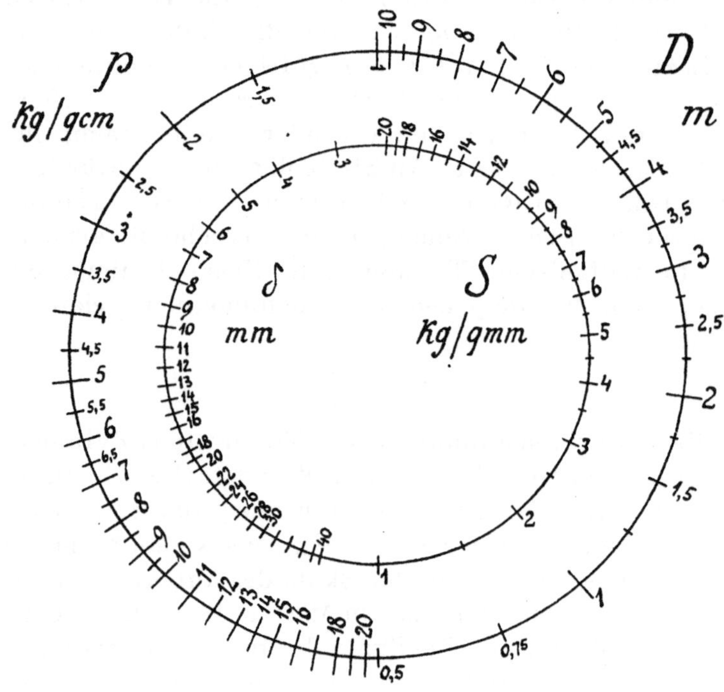

Fig. 13.

und für Wandstärken und Spannungen am inneren Kreise werden zweckmäßig gleiche, im Verhältnis der Kreisdurchmesser proportionale Maßstabseinheiten angenommen. Alsdann findet man mit der Anfertigung einer einzigen logarithmischen Skala das Auslangen, für die man überdies die Länge von log 2 beliebig wählen kann. Damit sind die Punkte 1, 2, 4, 8, 16 bestimmt; den Winkel für log 3 macht man 1,55mal und den für log 5 $2^1/_3$ mal so groß als den für log 2 und konstruiert beide aus der Tangente. Damit hat man die Punkte 3, 5, 6, 9, 10, 12, 15, 18, 20. Mittels der Radien wird die Teilung auf den inneren Kreisumfang übertragen.

Die kreisförmigen Nomogramme bieten im Vergleiche mit den geradlinigen den Vorteil, bei gleichem Format größere Teilungen anwenden zu können, sie sind übersichtlicher und es können nicht leicht Irrtümer durch Verwechslung der Skalen vorkommen. Man kann das Nomogramm mittels eines Heftnagels um einen beliebigen Punkt drehbar auf dem Reißbrett befestigen, so daß es unter der Reißschiene in die einem gegebenen Wertpaar entsprechende Lage gedreht und hierauf an der Kante der verschobenen Reißschiene sofort die Ablesung des Resultates vorgenommen werden kann.

Das in Fig. 13 dargestellte Nomogramm dient für die Berechnung der Materialspannung in der vollen Wand eines Zylinders. Man kann es durch Einzeichnung noch mehrerer innerer Kreise dahin ergänzen, daß es zur Ermittlung der Materialspannungen in den Nähten einfach oder mehrfach genieteter zylindrischer Trommeln sehr bequem verwendbar wird.

Alle in das Schema $U = XYZ$ einzureihenden Beziehungen können in derselben Weise, wie an dem besprochenen Beispiel gezeigt worden ist, durch ein Nomogramm dargestellt werden, dessen Aufzeichnung ebenso einfach ist, wie eben gezeigt wurde. Dabei können X, Y, Z beliebig komplizierte Funktionen der Veränderlichen x, y, z sein.

Sechstes Kapitel.

Bei den bisher betrachteten Nomogrammen sind zur Bildung von Produkten Skalen mit logarithmischen Teilungen benützt worden, wobei sowohl die Faktoren wie die Produkte an logarithmisch geteilten Skalen abzulesen waren. Anderseits sind zur Bildung von Summen oder Differenzen nur regelmäßig linear geteilte Skalen angewendet worden. Die Herstellung eines Nomogrammes für eine Beziehung von der Form

$$U = XY + Z$$

wäre daher auf einfache Weise nicht möglich, wenn zur Bildung des Produktes nur logarithmische und zur Bildung der Summe nur regelmäßig linear geteilte Skalen angewendet werden könnten. Mittels der sogenannten projektiven Teilungen gelingt es aber, Produkte und Quotienten auch an regelmäßig linear geteilten Maßstäben zu erhalten, bei denen die abgelesene Größe der Entfernung des damit bezeichneten Punktes der Ablesung vom Nullpunkte des Maßstabes entspricht.

Legt man zwei gewöhnliche Maßstäbe, etwa Meterstäbe, so vor sich auf den papierbespannten Zeichentisch, daß sie parallel liegen, ihre Teilungen aber in entgegengesetzten Richtungen laufen (Fig. 14), und zieht mittels eines Lineals gerade Linien, welche die gleichen Ziffern der Maßstäbe miteinander verbinden, so schneiden sich alle diese Linien in einem Punkt, welcher in der Mitte zwischen beiden Maßstäben liegt und von den beiden Nullpunkten gleichweit entfernt ist. Ebenso schneiden sich in einem anderen Punkt alle Verbindungslinien, welche zwischen den Zahlen des einen Maßstabes und denselben Vielfachen des anderen Maßstabes gezogen werden, beispielsweise wenn die mit 1, 2, 3 usw. bezifferten Punkte des einen Maßstabes mit den Punkten 3, 6, 9 usw. des anderen Maßstabes durch Linien verbunden werden. Alle diese Schnittpunkte liegen auf der geraden Verbindungslinie der beiden Nullpunkte und teilen diese in dem Verhältnisse der durch die Linien

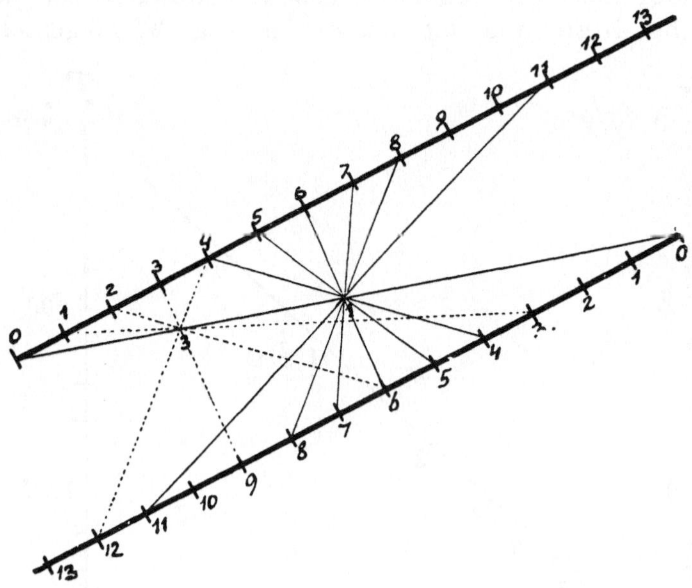

Fig. 14.

verbundenen Zahlen. Beziffert man danach die Verbindungslinie der Nullpunkte, so bildet diese Skala mit den beiden Skalen der regelmäßig geteilten Maßstäbe ein Nomogramm für die Beziehung

$$Z = XY,$$

wobei Z an einer regelmäßig linearen Skala, X oder Y an der projektiv geteilten schrägen Skala und die dritte Größe an der anderen regelmäßigen Skala abgelesen wird. Die Teilung der schrägen Skala kann, den Nullpunkt ausgenommen, von einem beliebigen Punkte der einen der beiden regelmäßigen Skalen durch Linien geschehen, die als Strahlen von der eigenen Ziffer zu der ein-, zwei- und dreifachen Zahl der Bezifferung des anderen Maßstabes laufen.

Fig. 15 zeigt ein mit regelmäßigen Skalen für p und T ausgeführtes Nomogramm für die Zustandsgleichung der atmosphärischen Luft $pv = 29{,}3\,T$. Ein Nomogramm mit logarithmischen Teilungen für die gleiche Beziehung ist früher in Fig. 3 dargestellt

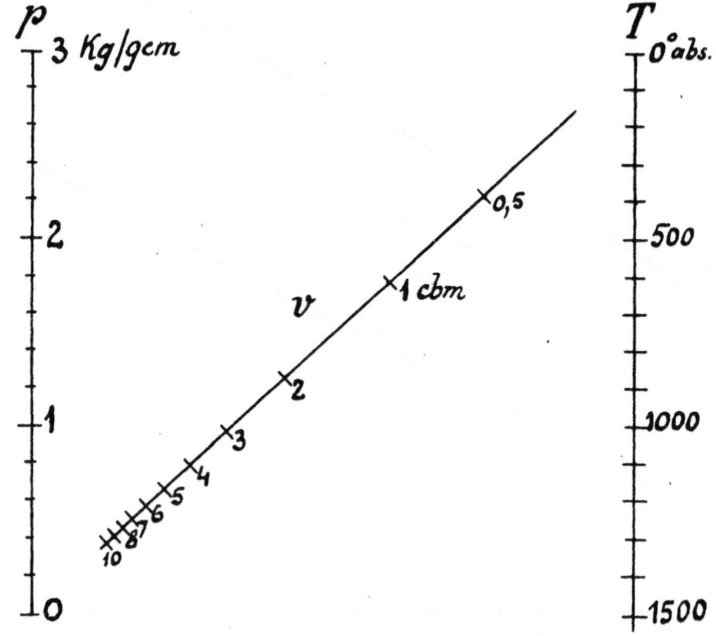

Fig. 15.

worden. Die Konstruktion des Nomogrammes ist infolge der regelmäßigen Teilungen für p und T viel einfacher als mit logarithmischer Teilung. Die projektive Teilung der schrägen Skala, die am rechten oberen Ende die Ziffer 0, am linken unteren Ende die Ziffer ∞ trägt, wird folgendermaßen gefunden. Dem Werte $v = 1$ entsprechen nach der Formel beispielsweise die Werte $p = 2$ kg/qcm und $T = 682^0$. Der Schnittpunkt der

Verbindungslinie dieser Werte liefert den Punkt $v = 1$. Zieht man nun von einem beliebigen Punkt der Skala für p einen Strahl nach dem Punkt $v = 0$ und einen anderen nach dem Punkt $v = 1$ und trägt auf einer Parallelen zur Skala für p eine regelmäßige Teilung auf, deren Nullpunkt auf dem nach $v = 0$ zielenden Strahl und deren Punkt 1 auf dem nach $v = 1$ zielenden Strahl liegt, so schneiden die durch diese Teilung gezogenen Strahlen die schräge Skala in den ihrer Bezifferung entsprechenden Punkten.

Ein anderes Beispiel eines Nomogrammes dieser Art ist in Fig. 16 gegeben. Die bei der Untersuchung von Feuerungsanlagen vorgenommenen technischen Gasanalysen haben den Zweck, die Größe der Luftzufuhr, unter welcher die Verbrennung stattfindet, festzustellen. In den meisten Fällen, in denen die Bildung nennenswerter Mengen von Kohlenoxydgas als ausgeschlossen gelten kann, begnügt man sich mit der Bestimmung des Kohlensäure- und des Sauerstoffgehaltes der Rauchgase. Die Gasanalyse liefert alsdann eine Zusammensetzung der Rauchgase, wobei auf 100 Volumteile CO_2 Volumteile Kohlensäure und O_2 Volumteile Sauerstoff entfallen. Der Rest ist als Stickstoff N_2 anzusprechen, so daß die Gleichung besteht

$$CO_2 + O_2 + N_2 = 100.$$

Von der in den Rauchgasen enthaltenen Stickstoffmenge entfällt ein Teil auf die überschüssige Luft, deren Sauerstoff mit O_2 Volumprozenten festgestellt wurde. Der andere Teil muß, wenn von dem in der Regel sehr geringen Stickstoffgehalt des Brennstoffes abgesehen wird, als Rest der zur Verbrennung des Kohlen- und des Wasserstoffes nutzbar zugeführten Luft angesehen werden. Dieser Stickstoffrest beträgt demnach

$$N_2 - \frac{79}{21} O_2.$$

Er entspricht der zur vollkommenen Verbrennung notwendigen Luftmenge, wohingegen N_2 der tatsächlich zugeführten Luftmenge entspricht. Das Verhältnis n der tatsächlich zugeführten zur notwendigen Luftmenge ist somit

$$n = \frac{N_2}{N_2 - \frac{79}{21} O_2}$$

Das Verhältnis der überschüssigen Luftmenge zur notwendigen Luftmenge beträgt

$$n - 1 = \frac{79/21\, O_2}{N_2 - \frac{79}{21} O_2}.$$

Ersetzt man in dieser Gleichung N_2 durch $100 - CO_2 - O_2$, so erhält man die Formel

$$n - 1 = \frac{79\, O_2}{2100 - 21\, CO_2 - 100\, O_2}.$$

Diese Formel bedarf einiger Umarbeitung, um sie zur nomographischen Darstellung geeignet zu machen. Setzt man $(n - 1) = x$ und hebt O_2 als Faktor heraus, so erhält man

$$21\, x\, (100 - CO_2) = (100\, x + 79)\, O_2$$

$$\frac{21\, x}{100\, x + 79}\, (100 - CO_2) = O_2.$$

Mit

$$\frac{21\, x}{100\, x + 79} = X$$

$$100 - CO_2 = Y$$

$$O_2 = Z$$

ergibt sich die für die nomographische Darstellung geeignete Normalform

$$XY = Z.$$

In dem Nomogramm Fig. 16 sind die Skalen für Y und Z mit regelmäßigen Teilungen versehen. Der Abstand der Skalen wurde 100 mm groß gemacht; in der Figur ist das Nomogramm ungefähr auf die Hälfte verkleinert. Der Nullpunkt der Y-Skala, die mit CO_2 bezeichnet und nach CO_2 beziffert ist, liegt 79 Skalenteile unterhalb des Nullpunktes der CO_2-Skala. Die projektiv geteilte Skala für n wird folgendermaßen hergestellt: Für $O_2 = 0$ wird $n = 1$ und $n-1 = 0$; für $O_2 = CO_2 = 10,5$ wird $n=2$ und $n-1=1$. Ferner ergibt sich für $O_2 = 21$ und $CO_2 = 0$ der Wert $n = \infty$. Zieht

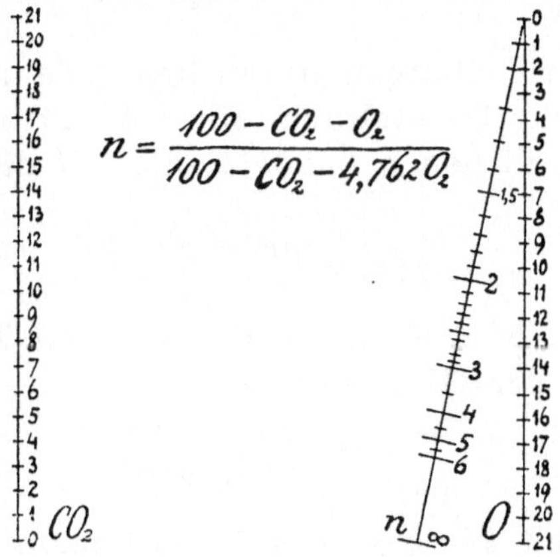

Fig. 16.

man nun von irgendeinem Punkte der CO_2-Skala Strahlen nach den Punkten $n-1=0$ und $n-1=1$ und trägt auf einer Geraden, die parallel zur Verbindungslinie des gewählten Punktes mit dem Punkt $n = \infty$ verläuft, eine regelmäßige Teilung auf, die in den Punkten 0 und 1 von den erwähnten Strahlen geschnitten wird, dann liefern die Strahlen, die durch die folgenden Teilpunkte gehen, in ihren Schnitten mit der schrägen n-Linie deren Teilpunkte.

Bei der Benützung des Nomogrammes legt man eine Linealkante durch die zwei Punkte, welche den erhobenen Gehalten der Rauchgase an Kohlensäure und an Sauerstoff entsprechen und liest das Vielfache der notwendigen Luftzufuhr am Schnittpunkt der Linealkante mit der schrägen Skala an dieser ab.

Siebentes Kapitel.

Projektive Teilungen treten immer dann auf, wenn es sich um die Darstellung einer Funktion $f(x) = y$ einer Veränderlichen x handelt, die mit dieser in der Beziehung

$$f(x) = \frac{ax + b}{cx + d}$$

steht, worin a, b, c, d bestimmte gegebene Zahlen sind. Setzt man in der Gleichung

$$y = \frac{ax + b}{cx + d}$$

$y = \eta + \dfrac{a}{c}$ und $x = \xi - \dfrac{d}{c}$, so erhält man.

$$\xi\eta = \frac{bc - ad}{c^2}$$

die Mittelpunktsgleichung einer Hyperbel mit dem Ursprung des Koordinatensystems als Mittelpunkt und den Koordinatenachsen als Asymptoten (Fig. 17). Es ist nun eine bekannte Eigenschaft einer solchen Hyperbel, daß die durch irgendeinen ihrer Punkte gezogenen Parallelen zu den Asymptoten durch Strahlen vom Ursprung derart geschnitten werden, daß die Längen der Abschnitte den Koordinaten eines anderen Hyperbelpunktes entsprechen. Trägt man daher auf einer der Parallelen zu den Asymptoten eine regelmäßige Teilung auf, so schneiden die nach den Teilpunkten vom Ursprung aus gezogenen Strahlen die Parallele zu der anderen Asymptote in den Teilpunkten der projektiven Skala, welche der Beziehung

$$y = \frac{ax + b}{cx + d}$$

entspricht. Die Aufzeichnung der Hyperbel ist gänzlich
überflüssig.

Die Fig. 17 ist derart entworfen worden, daß der
Zusammenhang der Größen sehr anschaulich wird.

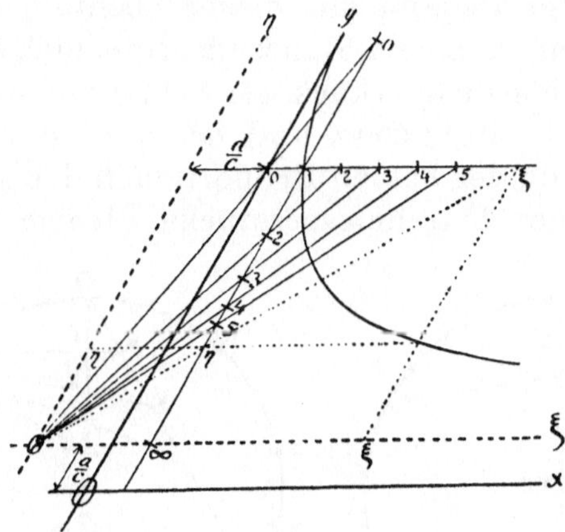

Fig. 17.

Zufälligerweise ergaben sich dabei durchwegs unrunde
Maße und nach Fertigstellung der Figur stellte es sich
heraus, daß sie für die Beziehung gilt:

$$y = \frac{115\,x + 2306}{78\,x + 165}$$

In der Abbildung ist die Originalzeichnung auf die
Hälfte verkleinert. Indessen gilt auch die Verkleinerung
für dieselbe Beziehung, da der für die Figur gültige
Maßstab aus der zugrunde gelegten regelmäßigen
Teilung zu entnehmen ist.

Projektive Teilungen finden auch bei kreisförmigen
Nomogrammen zweckmäßige Anwendungen. Wenn der
Durchmesser eines Kreises von einer Sehne in zwei
Stücke zerschnitten wird, so ist das Verhältnis der
Längen dieser Stücke dem Produkte der Tangenten der
Peripheriewinkel gleich, welche die von einem Ende

des Durchmessers an die Endpunkte der Sehne gezogenen
Strahlen mit dem Durchmesser einschließen.

  Es ist mit Bezug auf Fig. 18 $v : w = tg\,\alpha \cdot tg\,\beta$. Um
dies einzusehen, braucht man nur vom anderen Ende
des Durchmessers Strahlen an die Endpunkte der Sehne
zu ziehen, die alsdann mit dieser ebenfalls die Winkel
α und β bilden. Aus dem Sinussatz ergibt sich dann, wenn
etwa das rechtsseitige Stück der Sehne mit s_1 bezeichnet
wird: $v : s_1 = \sin\beta : \cos\alpha$ und $w : s_1 = \cos\beta : \sin\alpha$ und
durch Division der beiden Proportionen das angegebene
Verhältnis der Durchmesserstücke. Jedem Punkt des

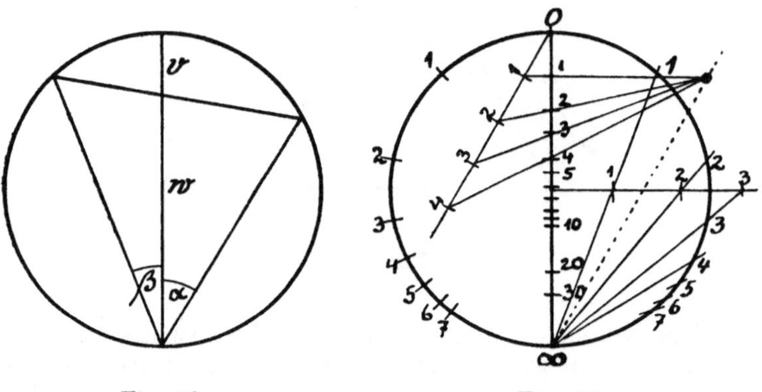

Fig. 18.   Fig. 19.

Durchmessers entspricht daher ein bestimmter Wert
des Produktes. Ebenso entspricht jedem Punkt des
Kreisumfanges ein bestimmter Wert von α und $tg\,\alpha$
bzw. β und $tg\,\beta$. Beziffert man demnach die Punkte des
Kreisumfanges mit den Werten von $tg\,\alpha$ bzw. $tg\,\beta$ und
den Durchmesser mit den Werten von $tg\,\alpha \cdot tg\,\beta$, so erhält
man ein Nomogramm für die Beziehung $Z = XY$, worin
die den Faktoren X und Y entsprechenden Punkte am
Kreisumfang und der dem Produkt entsprechende Punkt
Z am Durchmesser in einer Flucht liegen. Die Herstellung der Skalen für Umfang und Durchmesser
geschieht in der Weise, daß man auf einer im Kreis-
mittelpunkt auf dem Durchmesser errichteten Senk-

rechten vom Mittelpunkt ausgehend Hilfsteilungen aufträgt, welche den Größen von $X = f\,(x)$ und $Y = f\,(y)$ für eine aufeinanderfolgende Reihe von Werten für x und y entsprechen und die Teilpunkte durch Strahlen, die vom Fußpunkte des Durchmessers aus gezogen werden, auf den Kreisumfang projiziert. Fig. 19 illu-

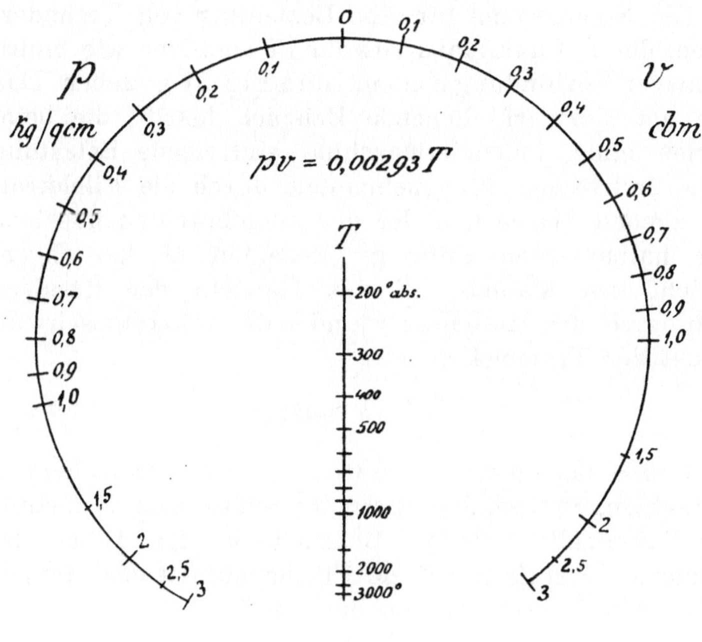

Fig. 20.

striert dies für den Fall, daß $X = x$ und $Y = y$ ist, wonach die Hilfsteilungen regelmäßige Teilungen sind. Die projektive Teilung des Durchmessers ergibt sich aus der Beziehung

$$v = \frac{D\,tg\,\alpha \cdot tg\,\beta}{1 + tg\,\alpha \cdot tg\,\beta}.$$

Setzt man $\alpha = \beta$ und $tg^2\alpha = u$, so erhält man

$$v = D\,\frac{u}{1 + u}.$$

Der Punkt, von welchem aus die Projektion der unter
beliebigem Winkel angeordneten regelmäßigen Hilfs-
teilung zu erfolgen hat, ergibt sich aus einem beliebigen
Paar zusammengehöriger Werte.

Als einfaches Beispiel ist in Fig. 20 ein kreis-
förmiges Nomogramm für die schon wiederholt zur
Erläuterung benützte Beziehung $pv = RT$ dargestellt.

Ein Nomogramm für eine Beziehung von Veränderlichen, deren Funktionen sowohl in additiver wie multiplikativer Verbindung stehen, ist in Fig. 21 gegeben. Das
hier als Vorwurf dienende Beispiel betrifft die beim
Betrieb einer Schleudermaschine eintretende Belastung
des zylindrischen Trommelmantels durch die Fliehkraft
der eigenen Masse und der der eingebrachten flüssigen
oder halbflüssigen Füllung. Bedeuten G das Eigen-
gewicht des Mantels, F das Gewicht der flüssigen
Füllung, R den Halbmesser und ω die Winkelgeschwin-
digkeit der Trommel, so ist

$$\frac{R\,\omega^2}{g}\,(F + G)$$

die Größe der gesamten, durch die Fliehkraft hervor-
gebrachten, in radialer Richtung wirksamen Belastung
des Trommelmantels.[1]) Bedeutet h die Höhe der
Trommel, so entfällt auf die Flächeneinheit des Mantels
ein spezifischer Druck von der Größe

$$p = \frac{\omega^2}{2g\pi h}\,(F + G).$$

Ersetzt man G durch $2\,R\pi h\delta\gamma$, worin δ die Stärke
und γ das spezifische Gewicht des Trommelmaterials
bedeuten, so erhält man die Formel:

$$p = \frac{\omega^2}{2g}\left(\frac{F}{\pi h} + 2R\delta\gamma\right).$$

Die Festigkeit der Trommel kann wie die Festigkeit
der Wandung eines zylindrischen Gefäßes berechnet

---

[1]) Der Ausdruck darf nicht mit der Fliehkraft eines festen
Ringes, die diesen auf Zerreißen beansprucht, verwechselt werden.

werden, in welchem ein Druck von der Höhe p herrscht. In der Regel ist die minutliche Tourenzahl n der Zentrifugen gegeben, deren Trommeln gewöhnlich aus Schmiedeisen oder aus Kupfer gefertigt sind. Nach Einsetzen der Zahlwerte erhält man, für Meter und Kilogramm, als Maßeinheiten:

$$p = 0{,}0005589\, n^2 \left(\frac{F}{3{,}1416\, h} + 2\, R\, \delta\, \gamma \right).$$

Für die schmiedeiserne Trommel mit $\gamma = 7800$ ergibt sich

$$p = 5{,}59\, n^2 \left(0{,}3183\, \frac{F}{h} + 15{,}6\, R\, \delta \right),$$

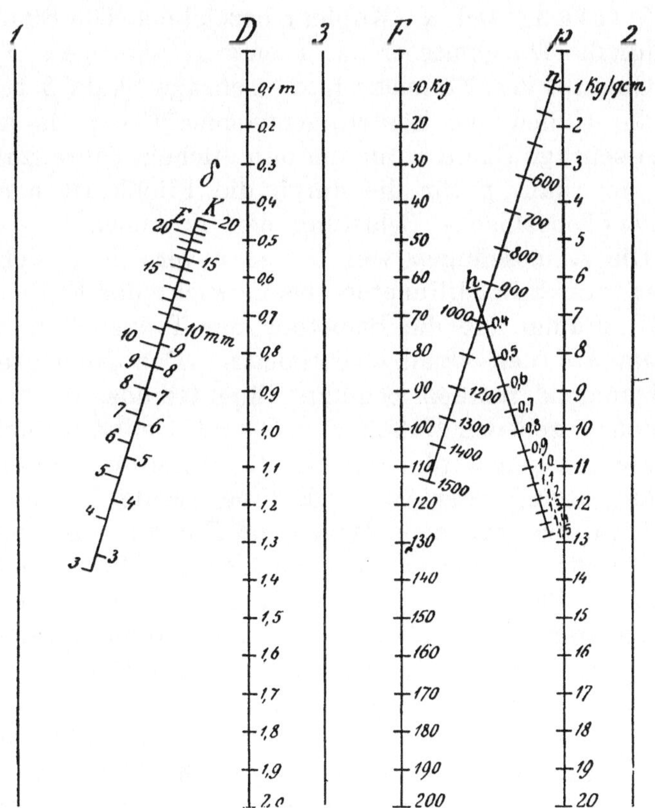

Fig. 21.

wobei p in kg/qcm und δ in mm, die übrigen Abmessungen in m bzw. kg gelten. Unter denselben Voraussetzungen ergibt sich für die kupferne Trommel

$$p = 5{,}59\,n^2 \left(0{,}3183\,\frac{F}{h} + 17{,}8\,R\,\delta\right).$$

p stellt sich somit als eine Funktion von fünf unabhängigen Veränderlichen dar. Dementsprechend besteht das in Fig. 21 mitgeteilte Nomogramm aus sechs Skalen und drei Hilfslinien. Die schräge Skala links für δ hat eine doppelte Teilung, die einerseits für Schmiedeisen, anderseits für Kupfer gilt. Diese Teilungen sind mit E (Eisen) und K (Kupfer) bezeichnet. Die Skala D gilt für die Durchmesser der Trommeln, die Skala F für das Gewicht der Füllmassen, die schräge Skala h rechts für die Höhen der Zentrifugentrommeln, die sie kreuzende schräge Skala n für die minutlichen Tourenzahlen und die Skala p für die durch die Fliehkraft hervorgerufene spezifische Belastung der Trommel.

Die Abmessungen von D und h verstehen sich in Meter, von δ in Millimeter, das Gewicht der Füllmasse in Kilogramm und die Belastung der Trommel in Kilogramm auf den Quadratzentimeter. Das Nomogramm wird folgendermaßen benützt: Eine Gerade, die durch die den gegebenen Maßen von D und δ entsprechenden Punkte gezogen wird, schneidet die Hilfslinie 1 in einem Punkte a, der markiert wird. Eine zweite Gerade, die durch die den gegebenen Maßen von F und h entsprechenden Punkte gezogen wird, schneidet die Hilfslinie 2 in einem Punkte b, der markiert wird. Verbindet man nun die markierten Punkte a und b durch eine Gerade, so schneidet diese die Hilfslinie 3 in einem Punkte c, der ebenfalls markiert wird. Legt man nun durch den Punkt c und den der minutlichen Tourenzahl entsprechenden Punkt eine Gerade, so schneidet diese die Skala p in dem Punkte, welcher der gesuchten Belastung entspricht.

Die erste Operation liefert im Schnittpunkt a das Produkt $2R\delta\gamma$, dessen Größe an der Hilfslinie 1 abgelesen werden könnte, wenn diese eine Skala besäße. Die zweite Operation liefert im Schnittpunkt b den Quotienten $F/\pi h$; die Verbindung von a und b durch eine Gerade liefert im Schnittpunkt c die Summe der beiden Größen, welche in den Formeln als Klammerausdruck erscheint. Endlich wird durch die letzte Operation, wobei eine Gerade durch den Punkt c und dem der Tourenzahl entsprechenden Punkt gezogen wird, die Multiplikation der gebildeten Summe mit dem Faktor $5{,}59\,n^2$ vollzogen.

Die schrägen Skalen für δ und h sind Projektionen regelmäßiger linearer Teilungen, die schräge Skala für n ist die Projektion einer quadratischen Skala.

Bezeichnet man die in dem behandelten Beispiel vorkommenden Funktionen von R, δ, F, h, n und p mit X, Y, U, V, W und Z, so lautet die Beziehung
$$Z = (XY + UV)\,W,$$
die mittels der Hilfsfunktionen S_1, S_2, S_3 in folgende Stufen zerlegt wurde:
$$S_1 = XY$$
$$S_2 = UV$$
$$S_3 = S_1 + S_2$$
$$Z = S_3 W.$$

Achtes Kapitel.

Bei den bisher betrachteten Verfahren der nomographischen Darstellung von Beziehungen, die sich auf mehr als drei Veränderliche erstrecken, kamen Hilfs- oder Zapfenlinien zur Anwendung, an denen Hilfsfluchtpunkte markiert werden, die sich aus zusammengehörigen Werten von zwei unabhängigen Veränderlichen ergeben. Liegt die Zapfenlinie in unendlicher Ferne, so bestimmen die beiden Werte die Richtung der nächsten oder, wenn nur vier Veränderliche vorhanden sind, der schließlichen Fluchtlinie. Mitunter ist jedoch eine andere Art von Nomogrammen zweckmäßig, die auf folgenden Erwägungen beruht. Wenn für eine Gleichung mit drei Veränderlichen die Skalen für zwei Veränderliche hinsichtlich Lage und Teilung einmal gewählt sind, so ist damit die Lage und Teilung der Skala für die dritte Veränderliche noch keineswegs festgelegt. Es besteht insofern immer noch ein Freiheitsgrad, als man entweder die Lage oder die Teilung der Skala für die dritte Veränderliche willkürlich wählen kann.

Beispielsweise kann für die Beziehung $y = 2x + az$ ein Nomogramm dienen, welches aus drei equidistanten und parallelen Skalen besteht, von denen die für x und y dienenden Skalen gleiche regelmäßige Teilungen besitzen, während die Teilung der Skala für die dritte Veränderliche von der Größe des Parameters a abhängt. Man könnte also dasselbe Nomogramm sogar für die Beziehung $y = 2x + uz$ der vier Veränderlichen x, y, z, u benützen, wenn man für jeden Wert der Veränderlichen u eine eigene Teilung an dem Skalenträger anbringen könnte. Wenn nur zwei bestimmte Werte von u in Betracht kommen, ist dies allerdings möglich, da an den beiden Seiten der als Skalenträger dienenden Linie zwei verschiedene Teilungen angebracht werden können. Von dieser Möglichkeit ist in dem Nomogramm Fig. 21 bei der Skala für δ Gebrauch gemacht worden. Die Größe u ist aber in solchem Falle nicht als unabhängig Veränderliche zu betrachten. Macht man dagegen von der Freiheit der Wahl der Lage des Skalenträgers Gebrauch, so kann man sich unbesorgt dem Zwange gesetzmäßiger Teilungen unterwerfen, die im Nomogramm für jede erforderliche Lage des Skalenträgers ein für allemal eingezeichnet werden können. Diese Art der nomographischen Behandlung von Gleichungen mit vier Veränderlichen ist in manchen Fällen den bereits erörterten Verfahren vorzuziehen.

Das mechanische Rechenverfahren, das man sich durch Konstruktion in der Regel ersparen kann, sei an folgendem Beispiel erläutert.

Die vorgegebene Beziehung laute:

$$2z = y - 3ux - 30,$$

worin x, y, z und u die vier Veränderlichen sind. In der Form

$$y - 30 = 3ux + 2z$$

stellt sie sich mit der auf Seite 8 angegebenen Beziehung

$$Y = \frac{n}{m+n} \frac{A}{B} X + \frac{m}{m+n} \frac{C}{B} Z$$

identisch dar, wenn man $Y = y - 30$, $X = x$, $Z = z$ und ferner $\frac{n}{m+n} \frac{A}{B} = 3u$ sowie $\frac{m}{m+n} \frac{C}{B} = 2$ setzt. Es bedeuten m und n die gegenseitigen Abstände der Skalen und A, B, C die Größen der für die Ablesungen X, Y und Z gewählten Längeneinheiten der Teilungen. Wählt man nun etwa, als dem gewünschten Format des Nomogrammes und den in Betracht kommenden Grenzwerten der Veränderlichen x und y entsprechend,

$A = 10$, $B = 1$ und $m = 30$ mm, so erhält man als Bedingungsgleichungen für n und C:

$$n = \frac{90\,u}{10-3\,u} \quad \text{und} \quad C = 2 + \frac{n}{15}$$

Wenn nun für u alle Werte zwischen 1 und 2 in Betracht zu ziehen sind, so fällt der Skalenträger für z in eine Entfernung vom Skalenträger für y, die zwischen den Grenzen von 12,9 und 45 mm liegt.

Das Nomogramm ist in Fig. 22 gezeichnet. Der jeweilige Ort des für jeden besonderen Wert von u

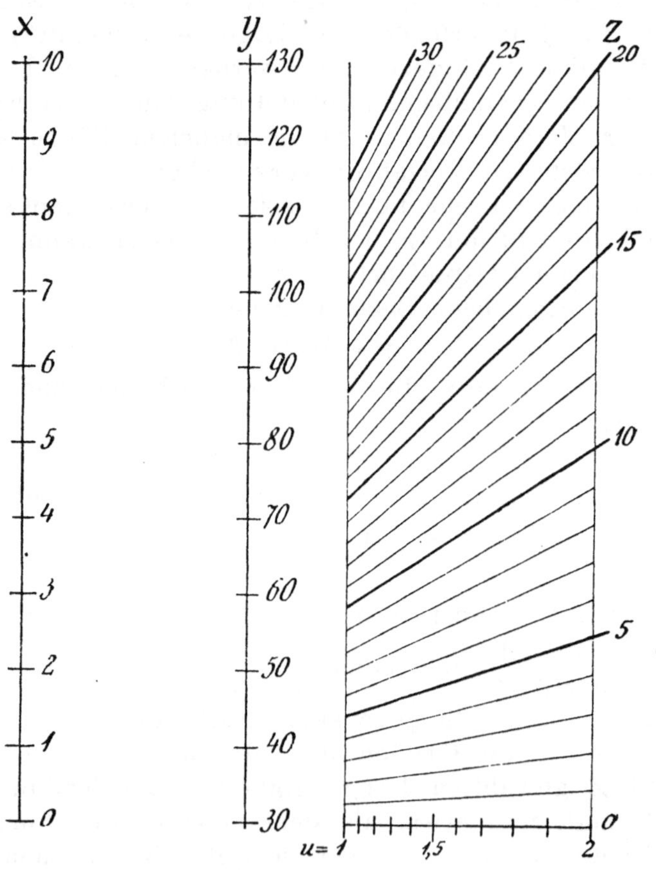

Fig. 22.

einzuzeichnenden Skalenträgers kann nach der obigen Formel berechnet oder die am Fuße des Nomogrammes angegebene projektive Skala benützt werden. Für $u = {}^5/_3$ ergibt sich beispielsweise $n = 30$ und $C = 4$ mm. Der Skalenträger für z liegt daher für diesen Wert u von in derselben Entfernung diesseits vom Skalenträger für y, wie der Skalenträger für x jenseits.

An dem folgenden Beispiel aus der Praxis der Feuerungstechnik wird es sich zeigen, daß die Konstruktion und Benützung eines derartigen Nomogrammes weit einfacher ist, als die vorstehende Erläuterung der rechnerischen Elemente der Tafel erkennen läßt.

Wenn in dem Ausdruck

$$H = (1 - A - W)\, P - 640\, W$$

P den Heizwert von 1 kg der brennbaren Substanz eines gebräuchlichen Brennstoffes bedeutet, dagegen A und W die in 1 kg des Brennstoffes enthaltenen Aschen- und Wassermengen bedeuten, so ist H der (sog. untere) Heizwert des Brennstoffes. Das erste Glied der rechten Seite der obigen Gleichung gibt somit die Wärmemenge an, die von der in 1 kg Brennstoff enthaltenen brennbaren Substanz entwickelt wird, und das zweite Glied die durch Verdampfung des Feuchtigkeitsgehaltes des Brennstoffes davon verloren gehende Wärmemenge.

Für die nomographische Behandlung betrachte man die vorgegebene Gleichung in der Form

$$H = P\,(1 - A) - (P + 640)\, W,$$

die für einen bestimmten festen Wert von P der allgemeinen Form

$$y = a\, x + b\, z$$

entspricht, wenn man $(1 - A) = x$, $W = z$ und $H = y$ setzt. Für eine einmal getroffene Wahl der Anordnung und Teilung der Skalen für A und H ist somit Lage und Teilung der Skala für W von dem Werte der als veränderlich anzusehenden Größe P abhängig.

Als Grenzwerte der Veränderlichen kommen sowohl für A wie für W und auch für $(A + W)$ 0 und 1, dagegen für P und für H 0 und 9000 in Betracht.

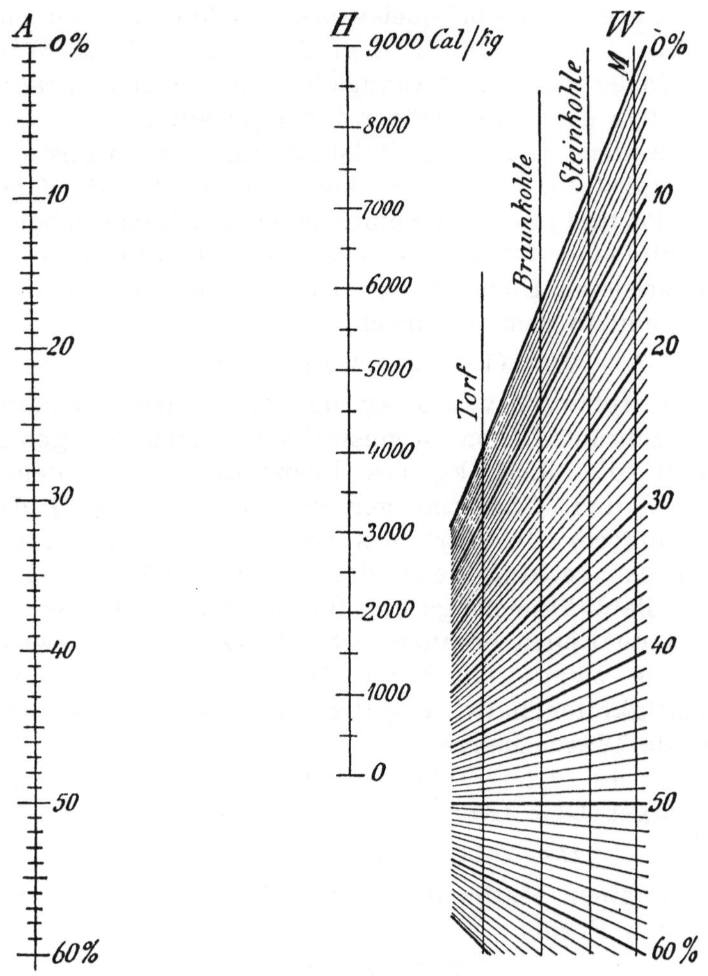

Fig. 23.

Das Nomogramm ist in Fig. 23 dargestellt. Die Konstruktion ist auf Grund folgender Erwägungen sehr einfach. Legt man die Skalen für A und W an die beiden Seiten und soll die Skala für H ungefähr in die Mitte fallen, so müssen die Skalen für A und W Bezifferungen im gleichen und der Bezifferung der H-Skala entgegengesetzten Sinn erhalten, denn mit wachsenden Größen sowohl von A wie von W nimmt H ab. Damit das Nomogramm für alle in Betracht zu ziehenden Werte in den Rahmen des gewünschten Formats falle, ist es zunächst für den Höchstwert von $P = 9000$ anzulegen. Die Nullpunkte der beiden äußeren Skalen sind an den oberen Rand gelegt worden. Die Punkte $A = 1$ und $W = 1$ sind somit unten. Für $A = 1$ und $W = 0$ ist $H = 0$. Dies gilt selbstverständlich für jeden beliebigen Wert von P. Daher enthält die Verbindungslinie· von $A = 1$ nach $W = 0$ die Nullpunkte aller Skalenträger von W, wie groß auch immer der Wert von P sei. Da aber nur für $A = W = 0$ der Wert von H gleich P ausfällt, ergibt sich der Ort des jeweilig einzuzeichnenden Skalenträgers von W für jeden besonderen Wert von P in dem Schnittpunkte der Verbindungslinie von $A = 0$ und $H = P$ mit der eben erwähnten Linie, die die Nullpunkte der Skalenträger von W enthält. Der Nullpunkt des Skalenträgers für H ergibt sich aus dem Schnittpunkte derselben Linie mit der sie kreuzenden Linie, welche die Werte von $A = 0$ und $W = 0,934$ verbindet, da zur Verdampfung von 0,934 kg Wasser gerade die Wärmemenge ausreichte, welche 0,066 kg einer brennbaren Substanz von 9000 Kalorien pro Kilogramm entwickeln könnte. Aus den Punkten $H = 0$ und $H = P = 9000$ ergibt sich die Teilung der H-Skala. Für alle Träger der W-Werte gelten die strahlenförmig angeordneten Teilstriche mit der am rechten Ende ersichtlichen Bezifferung.

Für die im Mittel zutreffenden Heizwerte der brennbaren Substanz von Torf (5500), Braunkohle (7000), Steinkohle (8000), Magerkohle (8800) sind die zu benützenden Skalenträger in das Nomogramm eingetragen.

Neuntes Kapitel.

Die allgemeine Form der jedem Teilnomogramm zugrundeliegenden Beziehung ist entweder $Z = XY$ oder $Z = X + Y$. Für diese beiden Formen sind die Skalen der Veränderlichen x, y, z, deren Funktionen die Größen X, Y, Z sind, in den Nomogrammen als gerade Linien darstellbar.

Kommt in der vorgelegten Beziehung jede Veränderliche nur in einerlei Funktion vor, die indessen für jede Veränderliche eine andere sein kann, und sind diese Funktionen in verschiedenartiger additiver und multiplikativer Verbindung, so handelt es sich für die Aufzeichnung eines geradlinigen Nomogrammes darum, die Funktionen der Veränderlichen voneinander derart zu trennen, daß die Beziehung in eine der oben angegebenen Normalformen gebracht werden kann. Dies ist in allen Fällen möglich. Die wichtigsten und häufig vorkommenden Fälle sind nachstehend angeführt. Der leichteren Lesbarkeit halber sind statt der großen Buchstaben X, Y, Z für die Funktionen die Veränderlichen x, y, z selbst gesetzt.

Die folgende Zusammenstellung verzeichnet links die vorgegebenen Gleichungen, rechts ihre Umformung mit getrennten Variabeln.

1. $z = xy + ax + m$	1. $(z - m) = x(y + a)$
2. $z = xy + ax + by + n$	2. $(z + ab - n) = (x + b)(y + a)$
3. $z = \dfrac{ax + by}{mxy}$	3. $mz = \dfrac{b}{x} + \dfrac{a}{y}$
4. $z = \dfrac{mxy}{ax + by}$	4. $\dfrac{m}{z} = \dfrac{b}{x} + \dfrac{a}{y}$

5. $z = \dfrac{m}{xy + n}$ $\qquad$ 5. $\dfrac{m - nz}{z} = xy$

6. $z = \dfrac{ax}{xy + b}$ $\qquad$ 6. $\dfrac{a}{z} = y + \dfrac{b}{x}$

7. $z = \dfrac{ax + by}{xy + c}$ $\quad abc > 1 \quad$ 7. $\dfrac{\sqrt{abc} + cz}{\sqrt{abc} - cz} = \dfrac{ax + \sqrt{abc}}{ax - \sqrt{abc}} \cdot \dfrac{by + \sqrt{abc}}{by - \sqrt{abc}}$

8. $z = \dfrac{mxy + ax + by + n}{xy + Ax + By + N}$

Setzt man in vorstehendem allgemeinen Ausdruck

$$x = x_1 - B$$
$$y = y_1 - A$$
$$z = z_1 + m$$

so erhält man einen Ausdruck von der Form:

$$z = \frac{ax + by + n}{xy + c}.$$

Zerlegt man nun die Koeffizienten der Veränderlichen je in zwei Faktoren, so daß $a = a_1 a_2$, $b = b_1 b_2$, $c = -c_1 c_2$ und $a_1 b_1 c_1 + a_2 b_2 c_2 + n = 0$ wird, so ergibt sich die gesuchte Form zu:

$$\frac{c_2 z - a_1 b_1}{c_1 z - a_2 b_2} = \frac{a_1 x - b_2 c_2}{a_2 x - b_1 c_1} \cdot \frac{b_1 y - a_2 c_2}{b_2 y - a_1 c_1}.$$

Lautet beispielsweise die gegebene Beziehung:

$$z = \frac{2xy + x + 8y - 74}{xy - 7x + 3y - 33}$$

so erhält man mit $x = x_1 - 3$, $y = y_1 + 7$, $z = z_1 + 2$ den Ausdruck

$$z_1 = \frac{15x_1 + 2y_1 - 39}{x_1 y_1 - 12}.$$

Hieraus findet sich nach dem angegebenen Verfahren:

$$\frac{z_1 - 2}{12 z_1 - 15} = \frac{x_1 - 1}{15 x_1 - 24} \cdot \frac{2 y_1 - 15}{y_1 - 12}$$

und endlich:

$$\frac{z - 4}{12 z - 39} = \frac{x + 2}{15 x + 21} \cdot \frac{2y - 29}{y - 19}.$$

Da für die sechs Faktoren a_1, a_2 usw. nur vier Bedingungsgleichungen vorliegen, sind unendlich viele
Arten der Zerlegung möglich. Bei anderer Wahl der
Faktoren ergibt sich beispielsweise für dieselbe Beziehung:

$$\frac{4z_1 - 5}{z_1 - 2} = \frac{5x_1 - 8}{x_1 - 1} \cdot \frac{y_1 - 12}{2y_1 - 15} \quad \text{und}$$

$$\frac{4z - 13}{z - 4} = \frac{5x + 7}{x + 2} \cdot \frac{y - 19}{2y - 29},$$

ein dem obigen reziproker Ausdruck.

Zehntes Kapitel.

Treten die Veränderlichen in der vorgelegten' Gleichung in verschiedenerlei Funktionen auf, so erscheinen in den Nomogrammen krummlinige Skalenträger. Deren Konstruktion wird ,durch eine Betrachtung des geometrischen Zusammenhanges der Skalenträger leicht verständlich.

Bezieht man zwei geradlinige und parallele Maßstäbe oder Skalenträger sowie alle Punkte und Linien zwischen denselben auf ein Koordinatensystem, dessen Axenkreuz durch die Verbindungslinie der Nullpunkte der beiden Maßstäbe als Abszissen- oder ξ-Axe und durch einen der Skalenträger als Ordinaten- oder η-Axe gebildet wird, so lauten · die Gleichungen der beiden Skalenträger $\xi = o$ und $\xi = m$, wenn m der gegen-

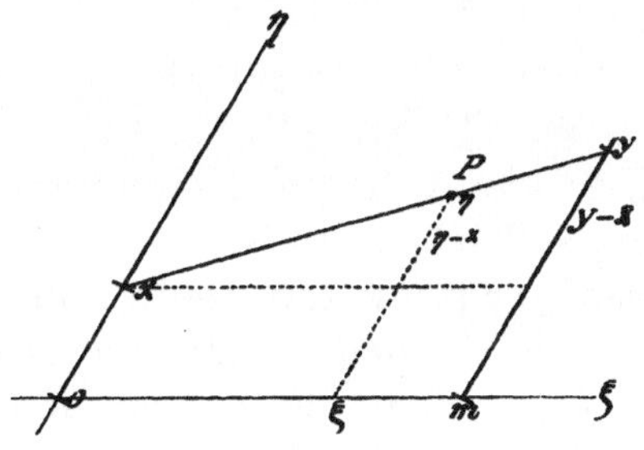

Fig. 24.

seitige Abstand der Nullpunkte der Maßstäbe ist. Besitzen die Maßstäbe eine regelmäßige Teilung nach Längeneinheiten, so lautet die Bedingungsgleichung dafür, daß der Punkt x auf dem einen Skalenträger, der Punkt y auf dem anderen Skalenträger und ein Punkt P (Fig. 24) zwischen oder außerhalb der beiden Skalenträger in einer Flucht liegen:

$$\frac{y-x}{m} = \frac{\eta-x}{\xi}.$$

In diesem Ausdruck sind ξ und η die Koordinaten des Punktes P.

Die beiden Skalen und der Punkt P bilden bereits ein Nomogramm für die oben angegebene Beziehung. Hat beispielsweise der Punkt P die Koordinaten $\xi = 3$ und $\eta = 4$ und beträgt die Entfernung m 10 Längeneinheiten, so liefert das Nomogramm in allen geraden Linien, die durch den Punkt P gelegt werden, Werte von x und y, die der Gleichung $40 = 7\,x + 3\,y$ genügen. Durch proportionale Änderung der Skalenteilungen kann dasselbe Nomogramm auch für andere Beziehungen von der allgemeinen Form $c = ax + by$ dienen. Da in dieser Gleichung keine dritte Veränderliche z erscheint, schrumpft der für deren Werte sonst dienende Skalenträger zu einem Punkt zusammen, dessen Koordinaten sich aus folgenden Ausdrücken ergeben:

$$\xi = m\,\frac{b}{a+b}$$

$$\eta = \frac{c}{a+b}.$$

Dem Punkt P ist in diesem Nomogramm der von x und y unabhängige Wert c, das ist für das Ziffernbeispiel 40, zuzuschreiben. Tritt an die Stelle von c eine dritte Veränderliche z, die mit den beiden anderen in der Beziehung $z = ax + by$ steht, so ergibt sich der geometrische Ort der Gesamtheit aller Werte von z aus den Koordinaten der Punkte

$$\xi = m\,\frac{b}{a+b}$$

$$\eta = \frac{z \cdot n}{a+b}.$$

Der Skalenträger für z ist daher eine zu den beiden anderen Skalenträgern parallele gerade Linie.

Da die beiden Gleichungen

$$c = ax + by \quad \text{und}$$

$$\frac{y - x}{m} = \frac{\eta - x}{\xi}$$

für alle Werte von x und y gültig sind, findet man die Ausdrücke für ξ und η am einfachsten dadurch, daß man abwechselnd x und y gleich Null setzt und aus dem gefundenen Gleichungspaar x und y eliminiert. Dies gilt auch in allen Fällen, in denen a, b und c Funktionen der dritten Veränderlichen z sind. Die Gleichung des Skalenträgers ergibt sich alsdann durch die Elimination von z.

Elftes Kapitel.

Die Gleichung $\dfrac{y-x}{m} = \dfrac{\eta - x}{\xi}$ stellt, soferne man Nomogramme mit zwei parallelen Skalenträgern und einem dritten geraden oder krummen Skalenträger in Betracht zieht, den Schlüssel der ganzen Fluchtlinienkunst dar. In einfacherer Form lautet dieser Schlüssel $m\eta = (m-\xi)\,x + \xi y$. Man kann mittels dieses Ausdruckes feststellen, für welche Beziehungen der Veränderlichen ein Nomogramm brauchbar ist, dessen dritter Skalenträger irgendwelche Anordnung und Form besitzt, und auch umgekehrt, so wie die Aufgaben in der Regel vorliegen, für gegebene Beziehungen der Veränderlichen, Form, Lage und Teilung der Skalenträger bestimmen, mit einem Worte, das Nomogramm konstruieren.

Beide Probleme sind nachstehend erläutert. Es frage sich beispielsweise, für welche Beziehungen der Veränderlichen ein Nomogramm gelte, das aus zwei parallelen, regelmäßig geteilten Maßstäben, die senkrecht zur Verbindungslinie ihrer Nullpunkte liegen, und einem dritten, geraden Skalenträger bestehe, der einen der beiden anderen im Nullpunkt unter einem Winkel schneide, dessen Tangente gleich $^1/_2$ ist. Diese Anordnung zeigt Fig. 24.

Die Gleichung des dritten Skalenträgers lautet nach diesen Angaben:

$$\eta = 2\,(\xi - m).$$

Aus der Schlüsselgleichung erhält man

$$2m\,(\xi - m) = (m - \xi)\,x + \xi y$$

und setzt man $\dfrac{\xi}{\xi-m} = z$, so ergibt sich

$$2m = yz - x.$$

Wenn die Strecke m etwa zehnmal so groß als die Längeneinheit der Teilungen für x und y ist, so gilt das

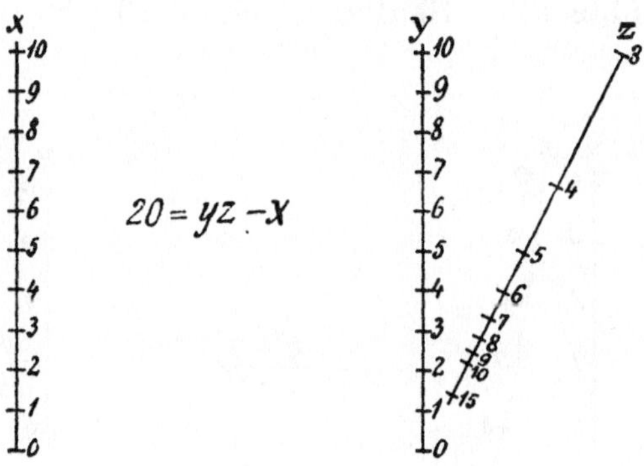

Fig. 25.

in Fig. 25 dargestellte Nomogramm für die Beziehung

$$20 = yz - x \quad \text{oder} \quad z = \frac{20 + x}{y}.$$

Liegt anderseits etwa die Aufgabe vor, für die Beziehung

$$x = \frac{z^2 - y}{z - 1}$$

ein Nomogramm zu konstruieren, so ergeben sich aus der Form

$$z^2 = (z-1)\,x + y$$

die Koordinaten der Fluchtpunkte mit

$$\xi = \frac{m}{z}$$

$$\eta = z$$

und die Gleichung des Skalenträgers mit

$$\xi\eta = m.$$

Der Skalenträger ist daher eine gleichseitige Hyperbel, deren Asymptoten die x-Skala und die Verbindungslinie der Nullpunkte der x- und y-Skala sind. Das Nomogramm ist in Fig. 26 gezeichnet.

Aus dem Umstand, daß für $x = y = z$ die vorgelegte Gleichung· bei allen Werten der Veränderlichen erfüllt ist, ergibt sich die Teilung der hyperbelförmigen Skala in außerordentlich einfacher Weise, da die gleichbezifferten Punkte aller Skalen in einer Flucht liegen.

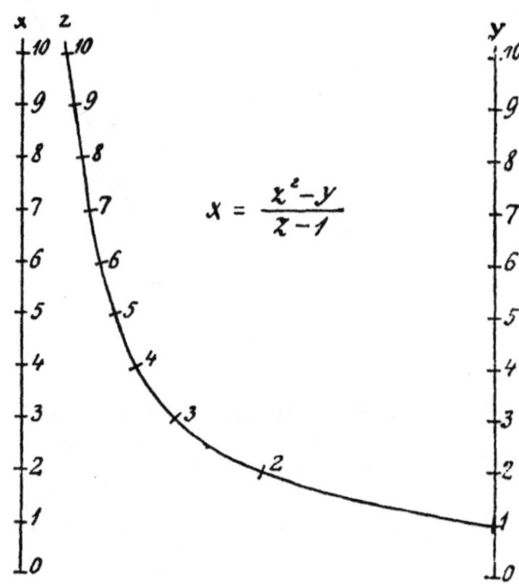

Fig. 26.

Das in Fig. 26 gezeichnete Nomogramm kann auch zur Lösung von quadratischen Gleichungen mit einer Unbekannten und reellen Wurzeln sehr zweckmäßig benützt werden. Die allgemeine Form solcher Gleichungen ist

$$x^2 + ax + b = 0.$$

Setzt man z anstatt x, so lautet die Gleichung

$$z^2 + az + b = 0.$$

Dagegen lautet die dem Nomogramm zugrunde gelegte Beziehung

$$z^2 - xz + x - y = 0.$$

Daraus ergibt sich, daß eine Fluchtlinie, die zwischen den Punkten $x = -a$ und $y = -(a+b)$ im Nomogramm gezogen wird, die Hyperbelskala in Punkten schneidet, die den Wurzeln der quadratischen Gleichung entsprechen.

Lautet beispielsweise die quadratische Gleichung:

$$8\,x^2 - 49\,x + 45 = 0,$$

so liefert die Fluchtlinie, die von $x = {}^{49}/_8$ nach $y = {}^{49}/_8 - {}^{45}/_8 = {}^1/_2$ gezogen wird, in den Schnittpunkten der Hyperbelskala die Wurzeln 5 und 1,125.

Allerdings liefert das in Fig. 26 gezeichnete Nomogramm unmittelbar nur die positiven reellen Wurzeln einer quadratischen Gleichung; mittels eines Kunstgriffes kann man aber auch die negativen Wurzeln daraus entnehmen, wie aus folgendem Beispiel hervorgeht.

Für die quadratische Gleichung $x^2 - x = 6$ erhält man mittels der Fluchtlinie von $x = 1$ bis $y = 7$ die Wurzel 3. Die zweite Wurzel wäre in dem Schnittpunkte der Fluchtlinie mit dem nicht gezeichneten zweiten Ast der Hyperbel zu finden. Indessen liefert die als zweimal durch die Asymptoten reflektierter Strahl fortgesetzte Fluchtlinie in ihrem Schnittpunkt mit dem gezeichneten Ast auch die gesuchte zweite Wurzel, soferne man dem Ziffernwerte das Zeichen minus vorsetzt. Für das angenommene Beispiel ergibt sich -2.

Schlußwort.

Von den vielen Möglichkeiten der Anwendung der Nomographie in der Praxis des rechnenden Ingenieurs hat die hiemit abgeschlossene Beschreibung des Verfahrens nur einige Beispiele gegeben, nach deren Muster aber zahlreiche andere Aufgaben bearbeitet werden können. Die sonst gebräuchlichen Diagramme und Kurventafeln gewähren wohl einen Einblick in den Zusammenhang der Rechnungsgrößen, dagegen sind sie als Mittel, Zifferrechnungen zu ersparen, wegen des meist erforderlichen dichten Netzwerkes der Linien wenig zweckmäßig. Solchem Bedürfnis entspricht das Nomogramm beiweitem besser. Es hat überdies den Vorteil der größten Übersichtlichkeit und der allerleichtesten Herstellung. Dieser Vorzüge halber verdienten nomographische Verfahren größere Verbreitung, als sie bisher gefunden haben.